사진으로 쉽게 배우는 **패턴&봉제**

양장기능사 실기

민옥인 편저

일진사

책을 내면서….

오늘날의 패션 시장은 제품의 다양화, 개개인의 개성화, 패션화를 추구하게 되었으며, 이에 따라 다양한 형태의 의류를 디자인하고 패턴을 제작하여 봉제할 수 있는 전문 기술 인력을 양성하기 위해 한국 산업인력공단에서는 매년 3~5회 양장 기능사 자격증 시험을 실시하고 있다. 응시 자격에는 연령, 학력, 경력, 성별, 지역 등에 제한을 두지 않으며, 국가 기술자격법에 의해 공공 기관 및 일반 기업 채용 시 그리고 보수, 승진, 전보, 신분 보장 등에 있어서 우대받을 수 있다.

자신의 소중한 꿈을 이루고자 한다면 끝없는 노력과 쉽게 꺾이지 않는 의지를 가지는 것이 중요하다고 생각한다. 자신의 부족함을 아쉬워하고 현실에 좌절하는 것은 우리에게 어울리지 않는다.

흔히 사람들은 기회를 기다리지만 기회는 기다리는 사람에게 잡히지 않는 법이다. 우리는 기회를 기다리는 사람이 되기 전에 기회를 얻을 수 있는 실력을 갖춰야 한다. 기회가 오면 준비되어 그 기회를 맞을 수 있는 여러분이 되었으면 한다.

이 책은 봉제 준비 작업과 양장 기능사 실기 기출 문제 총 10문제의 제작 과정을 단계별로 보여 주기 위해 세분화된 사진과 자세한 설명으로 기록하고 있어, 독자가 과정을 하나하나 따라 함으로써 의상을 쉽게 접할 수 있고 완성할 수 있도록 하였다. 특히 의상 제작에 관심이 있는 모든 분들에게 많은 도움이 되기를 바란다. 책을 준비하면서 몇 번의 반복 수정을 했음에도 미처 다루지 못한 부분에 대해서는 지속적으로 수정, 보완해 나갈 것을 약속드린다.

끝으로 저를 믿고 책을 출판할 수 있도록 도와주신 일진사 남상호 상무님께 감사드리며, 저에게 늘 조언과 사랑을 아끼지 않으시는 김남선 선생님, 바쁜 와중에도 시간을 내어 도와준 착한 민영, 꼼꼼하게 편집을 도와준 일진사 편집부, 옆에 있는 것만으로도 든든한 사랑하는 가족, 나를 항상 챙겨 주고 걱정해 주시는 이영희 여사님께 가장 미안하고 고맙고 사랑한다고 전하고 싶다.

민옥인

차 례

상의 ② 스탠드 칼라 랜턴 소매 재킷(Stand Collar Lantern Sleeve Jacket)

상의 ③ 숄 칼라 재킷(Shawl Collar Jacket)

상의 ④ 하이 네크라인 재킷(High Neckline Jacket)

스커트(Skirt)

팬츠(Pants)

직무 분야	섬유 · 의복	중직무 분야	의복	자격 종목	양장 기능사	적용 기간	2020.1.1~2024.12.31
직무 내용			주어진 디자인과 제시한 치수에 맞게 패턴 제작, 마킹 및 재단하고, 손바느질 및 재봉기를 이용하여 여성복을 제작하는 직무를 수행				
수행 준거			1. 작업지시서를 작성할 수 있다. 2. 패턴 제작을 할 수 있다. 3. 마킹 및 재단을 할 수 있다. 4. 봉제작업을 할 수 있다. 5. 단춧구멍 제작, 단추달기, 끝손질하기 및 다림질을 할 수 있다.				
실기 검정 방법			작업형	시험 시간			6~7시간 정도

실기 과목명	주요 항목	세부 항목
양장 패턴 및 봉제 작업	1. 핏 경향 분석	1. 실루엣 경향 분석하기
		2. 사이즈 경향 분석하기
		3. 의복제작 방법 경향 분석하기
	2. 패션상품 샘플 작업지시서 분석	1. 디자인 의도 파악하기
		2. 원부자재 분석하기
		3. 봉제 방법 계획하기
	3. 메인 패턴 제작	1. 샘플 수정사항 확인하기
		2. 겉감 패턴 완성하기
		3. 부속 패턴 완성하기
	4. 샘플 패턴 수정	1. 가봉 의뢰하기
		2. 샘플 겉감 패턴 수정하기
		3. 샘플 부속 패턴 제작하기
		4. 원단 가요척 산출하기
	5. 제작의류 생산의뢰서 분석	1. 도식화 분석하기
		2. 원부자재 소요량 확인하기
		3. QC 의뢰사항 확인하기
		4. 원부자재 매칭차트 만들기

실기 과목명	주요 항목	세부 항목
양장 패턴 및 봉제 작업	6. 제작의류 재단 준비작업	1. 재단작업 분석하기
		2. 생산보조용 패턴 제작하기
		3. 재단작업 치수 계획하기
	7. 제작의류 재단 본작업	1. 마킹하기
		2. 연단하기
		3. 커팅하기
	8. 제작의류 재단 후 작업	1. 재단물 분류하기
		2. 심지 접착하기
		3. 특수 작업하기
	9. 제작의류 부속 봉제	1. 부속 제작 준비하기
		2. 개별 부속 제작하기
		3. 부속 봉제 완성하기
	10. 제작의류 합복 봉제	1. 앞뒤판 합복하기
		2. 부속 부착하기
		3. 마무리 합복하기
	11. 제작의류 완성 기계 작업	1. 완성 다림질하기
		2. 특종 작업하기
		3. 검침하기
	12. 제작의류 완성 기타 작업	1. 마무리 손바느질하기
		2. 제사 처리하기
		3. 포장하기
	13. 제작의류 품질 검사	1. 재단물 검사하기
		2. 생산라인 검사하기
		3. 완성품 검사하기

응시 원서 접수 방법

• 국가 자격 시험(www.q-net.or.kr) 인터넷 접수만 가능
• 원서 접수 시간은 원서 접수 첫날 10:00부터 마지막 날 18:00까지

지참 준비물 목록

번호	재료명	규격	단위	수량	비고
1	필기도구(볼펜 또는 사인펜)	검은색	EA	1	
2	필기도구(연필, 지우개)	문구용	EA	1	제도용
3	풀	문구용	EA	1	
4	전자계산기	사무용	EA	1	
5	자(각자, 줄자, 곡자, 방안자 등)	의복 제작용	조	1	
6	초크	의복 제작용	EA	1	
7	손바늘	5호	EA	1	
8	손바늘	8호	EA	1	
9	재봉기 바늘	DB 14호	EA	1	
10	재봉기 바늘	DB 11호	EA	1	
11	시침실(면사)	의복 제작용	타래	1	
12	가위(원단용, 종이용)	의복 제작용	EA	1	
13	쪽가위	의복 제작용	EA	1	
14	반지(골무)	의복 제작용	EA	1	
15	핀	의복 제작용	통	1	
16	북과 북집	의복 제작용	쌍	1	
17	외발 노루발	의복 제작용	EA	1	필요시 사용
18	콘솔 지퍼 노루발	의복 제작용	EA	1	필요시 사용
19	송곳, 드라이버	의복 제작용	조	1	
20	식서테이프	의복 제작용	ROLL	1	
21	바이어스테이프	의복 제작용	ROLL	1	
22	전기다리미	220V	대	1	가정용 다리미 준비
23	다리미판	의복 제작용	EA	1	
24	분무기 및 물통, 물솔	의복 제작용	조	1	
25	조각천	20×20cm	매	1	재봉기 시운전용
26	2구 콘센트	220V, 3m 정도	EA	1	다림질 작업 준비용
27	실뜯개	의복 제작용	EA	1	
28	수정테이프(수정액 제외)	–	EA	1	답안 수정 필요시 사용

※ 기타 양장 제작에 필요한 소도구(단, 패턴 제도와 재단 시 먹지, 룰렛 및 칼 사용 제외)

1. 수험자는 지정된 공구와 시설만을 사용하고 수험장 내에서는 이동을 금하며, 이동할 때는 시험위원의 승인을 받아야 하고 반드시 정숙을 유지하여야 합니다.

2. 지급 재료는 시험 전 확인하여 이상이 있을 경우 시험위원으로부터 조치를 받고 시험 도중에는 재료의 교환 및 추가 지급을 하지 않음에 유의합니다.

3. 작품은 표준 시간 내에 완성하여야 하며, 표준 시간을 초과할 경우에는 채점 대상에서 제외됩니다.

4. 다음과 같은 작품은 채점 대상에서 제외됩니다.
   - ㉮ 표준 시간 이후에 제출한 작품이거나 미완성 작품
   - ㉯ 패턴 제도와 재단 시 먹지 · 룰렛 및 칼을 사용한 작품
   - ㉰ 패턴 제도가 미완성이거나 생략한 작품
   - ㉱ 제시된 디자인과 도면이 맞지 않은 패턴 제도이거나 작품
   - ㉲ 원단이 동일한 면으로 제작되지 않은 작품
   - ㉳ 과제에 적합한 패턴 제도의 식서 방향과 원단의 식서 방향이 맞지 않은 작품
   - ㉴ 변형이 심하여 외관이 극히 불량한 작품
   - ㉵ 기능도가 극히 불량한 작품
     - 봉제 상태가 좌 · 우 상이한 작품
     - 봉제 상태가 잘못되어 착의(着衣)할 수 없는 작품
     - 부위별 주어진 적용치수가 어느 한 부분이라도 ±1.5cm 이상 차이가 나는 작품
   - ㉶ 요구사항과 맞지 않은 작품
   - ㉷ 지정된 시설이나 지급된 재료 이외의 용구를 사용한 작품

5. 작업이 끝난 수험자는 완성된 작품, 문제지와 남은 지급 재료를 함께 제출하고, 정리정돈을 잘한 후에 퇴장합니다.

봉제 준비 및 가이드

1 재봉틀 구조

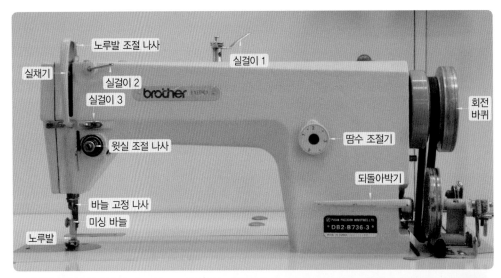

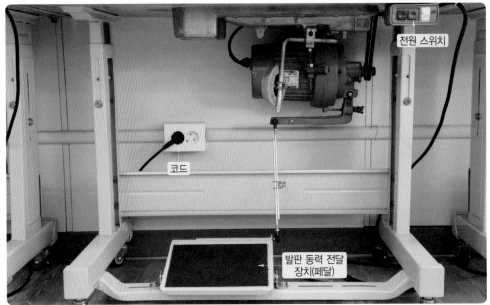

실걸이 1, 2, 3	실의 흔들림을 방지하고 실을 안내한다.
윗실 조절 나사	윗실의 장력을 조절(오른쪽으로 돌리면 윗실의 장력이 증가하고, 왼쪽으로 돌리면 감소한다)한다.
실채기	한 땀의 양만큼 윗실을 당겨 주는 역할을 한다.
노루발	옷감을 눌러 고정해 주는 역할을 한다.
노루발 조절 나사	노루발의 압력을 조절하는 나사이다.
회전 바퀴	벨트가 걸리는 부분으로 모터의 동력을 전달하는 역할을 한다.
땀수 조절기	땀수를 조절하는 역할(번호가 클수록 땀의 길이가 길어지고, 작을수록 길이가 짧아진다)을 한다.
되돌아박기	되돌려박기를 하는 손잡이다.
발판 동력 전달 장치(페달)	페달을 강하게 밟으면 빨리 가고, 약하게 밟으면 천천히 간다.

2 밑실 감기

2 실안내 구멍에 오른쪽에서 왼쪽으로 실을 끼운다.

3 실을 원반 모양 사이에 안으로 뒤에서 앞으로 돌린다.

4 밑실 감는 축에 북알을 꽉 끼운 뒤 북알에 실을 시계 방향으로 몇 번 감는다.

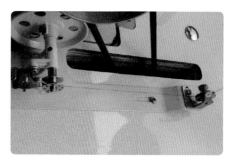

1 실가이드 구멍에 뒤에서 앞으로 실을 끼운다.

5 북 누름대를 손으로 눌러 준다.

6 완성본

3 밑실 끼우기

북알에 실은 80% 감긴 상태가 알맞다.

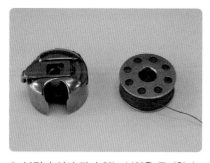

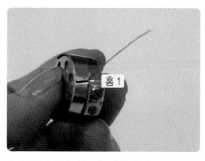

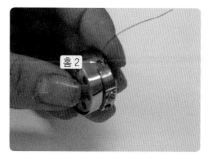

1 북집과 실이 감겨 있는 북알을 준비한다.

2 북알의 실을 홈 1에 끼워 준다.

3 홈 1의 실을 홈 2에 끼워 준다.

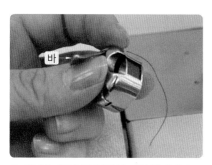

4 엄지손가락으로 북집의 바를 열어 손으로 그대로 잡아 준다.

5 재봉틀의 바늘판 뚜껑을 열어서 북집을 끼워야 하는 위치를 확인한다.

6 북집의 바가 가로로 되게 끼운다.

2 실걸이 1 첫 번째 구멍에 위에서 아래로 실을 통과시킨다.

3 두 번째 구멍에 아래에서 위로 실을 통과시킨다.

4 원반 사이에 실을 돌려 끼운다.

1 실가이드 구멍에 뒤에서 앞으로 실을 끼운다.

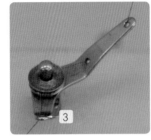

5 세 번째 구멍에 위에서 아래로 실을 통과시킨다.

6 실걸이 2 첫번째 구멍에 위에서 아래로 실을 통과시킨다.

7 실걸이 2 세 번째 구멍에 위에서 아래로 실을 통과시킨다.

8 원반에 오른쪽에서 왼쪽으로 실을 통과시킨다.

9 철사 고리에 실을 걸어 준다.

10 낫처럼 생긴 'ㄱ' 모양에 실을 걸어 준다.

11 실걸이 3에 실을 통과시킨다.

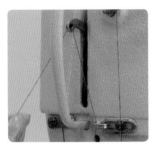

12 실채기에 오른쪽에서 왼쪽으로 실을 통과시킨다.

13 갈고리에 실을 통과시킨다.

14 실가이드 고리에 실을 통과시킨다.

15 바늘에 왼쪽에서 오른쪽으로 실을 통과시킨다.

16 윗실을 손으로 잡고 오른쪽 회전 바퀴를 앞으로 돌려서 바늘이 내려갔다 올라오게 한다.

17 밑실이 윗실에 걸려서 올라온다.

18 윗실, 밑실이 나온 모양이다.

2 기본 준비 도구 및 용구

패턴, 의복 제작 시 필요한 용구의 명칭 및 사용 용도를 정확하게 알고 사용해야 보다 빠르고 편리하게 작업에 임할 수 있다.

직각자

직각으로 만든 자로서 제도하기에 편리한 용구이다. 앞뒤에 눈금이 표시되어 있어 정확하고 빠르게 제도할 수 있다.

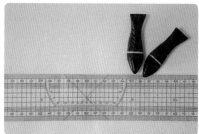

방안자

0.5cm 간격의 눈금으로 되어 있는 투명한 자로 일정한 간격의 시접양을 그을 때 사용하며, 곡선을 잴 때에는 자를 구부려서 사용한다.

곡자(커브자)

허리선, 다트선, 옆선, 칼라(옷깃) 등 자연스러운 곡선을 그릴 때 사용한다.

암홀자

진동둘레, 목둘레 등 다양한 패턴 라인을 제도할 수 있다.

줄자

한 면 60인치, 한 면 150cm의 띠 줄자로 인체를 계측할 때 사용하며, 암홀둘레를 잴 때는 줄자를 세워서 잰다.

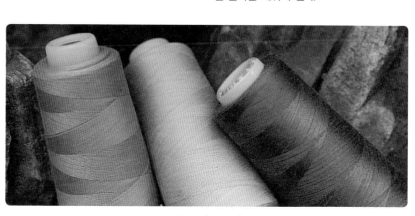

재봉실(재봉사)

재봉실은 재봉하는 데 사용하는 실이다. 소재는 면, 견, 마, 합성섬유 등이며 양질의 단사를 두 올 이상 합쳐 꼬아서 만든 실이다.
- 20s : 청바지, 스티치사, 외부 포인트로 사용한다.
- 40s, 60s : 일반적으로 가장 많이 사용한다.
- 낮은 숫자일수록 실의 굵기가 굵다(20s).
- 높은 숫자일수록 실의 굵기가 가늘다(60s).

마네킹(인대)

인체와 같거나 유사한 비율을 가지며 의상을 입혀 봄으로써 가봉, 봉제 등의 작업 상태를 볼 수 있다.

다리미

구겨진 옷감을 펼 때 사용한다.

우마

목둘레, 옆솔기, 바지통 등 솔기를 다림질할 때 사용한다.

데스망

소매산을 다림질할 때 사용한다.

시침용 면사

옷감에 패턴을 올려놓고 실표뜨기를 한다. 너치 표시, 단추 다는 위치, 주머니 위치 등을 표시한다.

옷솔

옷감에 묻은 먼지나 실 등을 털어 낼 때 사용한다.

보빙 케이스

북실이 감겨 있는 북알을 넣어 실이 풀리지 않도록 사용할 수 있다.

북집

밑실을 감은 북알을 넣어 사용한다.

북알

밑실을 감아 사용한다.

쇠 콘솔 노루발

콘솔 지퍼(숨은 지퍼)를 의복에 달 때 사용하면 편리하다.

실크핀

가늘고 뾰족한 것을 선택해야 옷감이 상하지 않으며 박음질할 때에도 빠지지 않아도 된다. 옷감에 패턴을 고정할 때 사용하며, 앞판, 뒤판을 서로 맞추어 고정할 때 사용한다.

미싱 바늘(DB)

- 9호 : 얇은 원단을 박음질(블라우스, 원피스 등)하는 데 사용한다.
- 11호 : 일반 두께의 원단을 박음질(청바지, 면 등)하는 데 사용한다.
- 14호 : 두꺼운 원단을 박음질(청바지, 면, 코트 등)하는 데 사용한다.

14호 바늘을 가장 많이 사용한다.

오버로크 바늘(DC)

14호 바늘을 가장 많이 사용한다.

비즈 바늘

0.56mm 굵기의 가는 바늘로서 실땀이 나타나지 않게 단을 뜰 때 사용하면 편리하다.

대바늘

0.84mm 굵기의 굵은 바늘로서 천이 움직이지 않도록 시침질할 때 사용하면 편리하다.

심지

잘라 쓰는 접착 심지로 원단에 뻣뻣하게 힘을 주거나 늘어짐을 방지하기 위하여 사용한다.
한 마(1야드)는 91.44(대략 90)cm

5cm(2인치) 접착 심지

소매 밑단, 재킷 밑단, 스커트 밑단 등에 사용한다.
늘어짐을 방지하기 위하여 사용한다.

핀봉

핀, 바늘을 꽂아 손목에 걸어서 사용한다.

자석 받침(자석 조기)

옷감에 일정한 시접양 폭을 주기를 원할 때 노루발 옆에 부착하여 사용한다.

양면 열 접착 심지

봉제 시 밀리는 부분에 원하는 길이만큼 잘라서 원단과 원단 사이에 넣어 다리미로 스팀을 주어 사용한다.
풀로 종이를 붙이는 것과 비슷하다.

1cm 식서 접착테이프 심지

콘솔 지퍼를 달기 전에 원단의 지퍼 다는 부분에 심지를 붙이면 늘어날 우려가 없어 견고하게 지퍼를 달 수 있다.
원단이 밀리지 않도록 하기 위해 사용한다.

1cm 사선 접착테이프 심지

사선 접착테이프 심지는 바이어스 방향으로 재단되어 있어, 곡선 부분에 부착하여 자유롭게 곡선 라인을 살려 줄 때 사용한다.

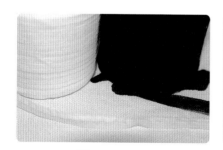

암홀 전용 테이프

재킷이나 코트 등의 암홀 부분에 붙여 사용한다.
원단이 밀리지 않도록 하기 위해 사용한다.

분 초크

두꺼운 옷, 겨울 의류에 많이 사용한다.
손으로 털거나 세탁하면 자국이 지워진다.

초자고(초크)

초로 만든 백색 초크이다. 손에 묻지 않고 옷에 잘 그려지면서 열을 가하여 다림질하면 마법같이 사라지는 초크로서 가장 많이 사용한다.
뾰족해야 선을 가늘게 그릴 수 있으므로 칼이나 초자고 깎는 용구를 사용하여 깎으면서 사용한다.

① 수성 연필 초크(하늘색), ② 기화성 연필 초크(보라색)

① 원단에 사용한 후 물(세탁), 또는 분무기로 물을 분사하면 자국이 지워진다.
　사용 후에는 뚜껑을 꼭! 닫아야 오래 사용할 수 있다.
② 원단에 사용한 후 그대로 놔두면 공기 중에 자연히 지워진다(하루~이틀).
　사용 후에는 뚜껑을 꼭! 닫아야 오래 사용할 수 있다.

쪽가위

봉제 시 실을 자르거나 실밥을 제거할 때 사용한다.

재단 가위

원단을 재단할 때 사용한다.
원단을 자르는 가위로 종이를 자르면 가위의 수명이 짧아진다. 종이 가위는 따로 준비하여 재단 가위, 종이 가위를 분리하여 사용한다.

실칼(실뜯개)

바느질한 곳에 송곳같이 뾰족한 부분을 끼운 후 가운데 칼날을 이용하여 박은 솔기 등을 뜯을 때 사용한다.

송곳

겉감의 완성선을 안감에 옮길 때, 옷깃의 끝이나 세밀한 부분을 옮길 때, 바느질한 재봉실을 뽑을 때 사용한다.

족집게

시침실이나 실표뜨기한 실을 뽑을 때 사용한다.

핀셋

오버로크의 재봉실이 빠지거나 끊어져서 다시 끼워야 할 때 사용한다.

드라이버

미싱의 바늘, 노루발을 교체할 때 사용한다.

단면도(면도칼)

실칼과 같은 용도로 사용하면 편리하다.
손을 다치지 않도록 주의한다.

3 시침핀 꽂는 방법 & 모서리 자르는 방법 & 심지

1 시침핀 꽂는 방법

시침핀을 잘 이용하면 원단이 어긋나는 것을 방지할 수 있고 보다 편리하게 작업할 수 있다.

좋은 예   **나쁜 예**

 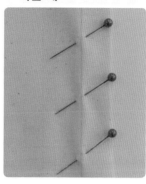 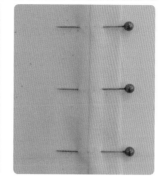 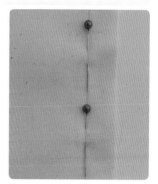

재봉선 →

두 장의 원단을 맞대어 놓고 재봉선 위로 살짝 떠서 시침핀을 꽂는다.

시침핀에 손을 찔릴 수도 있고, 원단이 어긋나거나 시침핀이 빠질 우려가 있다.

2 모서리 자르는 방법

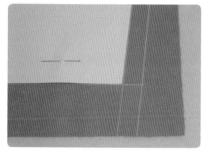  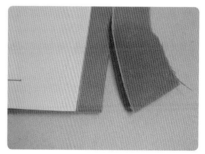

1 밑단 모양이다.

2 밑단을 완성선에 맞추고 원단을 뒤로 넘긴다.

3 시접을 남기고 자른다.

4 자른 모양이다.
밑단 끝이 약간 넓게 잘린다.

5 밑단을 접었을 때에는 같은 길이가 된다.

3 심지

① 심지 부착 부위

겉감의 특성, 옷의 실루엣, 옷의 종류 등에 따라 부착 부위가 다르다.

주로 옷깃, 안단, 주머니, 주머니 입구, 벨트, 지퍼 달림 위치, 재킷 밑단, 소매 밑단 등에 붙인다.

② 심지 종류

심지(면, 실크), 5cm 접착테이프 심지, 암홀 전용 테이프, 1cm 식서 접착테이프 심지, 1cm 사선 접착테이프 심지

심지(면, 실크) : 한 마 91.44(대략 90)cm
전체적으로 심지를 붙일 때 사용한다.

5cm 접착테이프 심지
재킷의 밑단, 소매 밑단 등에 사용한다.

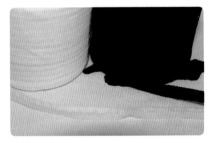

암홀 전용 테이프
암홀에 사용한다.

1cm 식서 접착테이프 심지
지퍼 달림 위치, 벨트 등 식서 방향에 사용한다.

1cm 사선 접착테이프 심지
곡선 부분에 사용한다.

③ 심지 접착 방법

　㉠ 심지를 겉감에 전체적으로 접착해야 할 부위는 심지를 여유 있게 잘라 가위로 자른 뒤 접착한 후 정확하게 다시 자르는 것이 좋다.

　㉡ 까칠까칠한(접착제) 쪽을 옷감의 안쪽에 닿게 놓고 다리미로 눌러 고정한다.

　㉢ 다리미로 심지를 접착할 때에는 밀면서 부착하지 않고 눌러 주면서 부착한다.

　　• 스팀을 고르게 주면서 다림질한다.

　　• 겉쪽에서 한 번 더 다림질한다.

4 / 손바느질

1 실표뜨기(Tailored Tack)

두 장의 직물에 패턴의 완성선, 단추 다는 위치, 주머니 위치 등을 표시하기 위해 사용하는 방법이다.

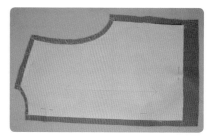

1 패턴을 옷감 위에 올려놓고 시침실 두 올로 실표뜨기를 한다.

2 곡선은 간격을 좁게 실표뜨기한다.

3 직선은 간격을 넓게 실표뜨기한다.

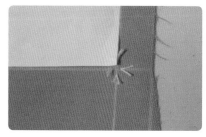

4 모서리는 십자(+) 모양으로 실표뜨기를 한다.

5 실이 빠지지 않도록 위쪽 옷감을 살짝 들어 올려 옷감 사이의 실을 자른다.
옷감이 잘리지 않도록 주의한다.

6 자른 모양이다.

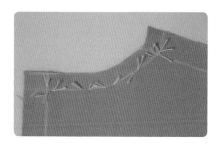

7 패턴을 떼어 낸 실표뜨기를 한 모양이다.

8 실을 짧게 자른다.

9 실이 쉽게 빠지지 않게 다리미로 실을 눌러 준다.

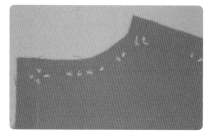

10 완성본(앞)

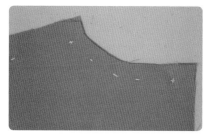

11 완성본(뒤)

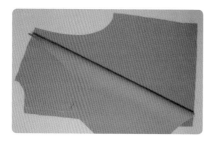

12 완성본(두 장의 옷감)

- 얇은 원단은 시침실을 한 겹, 두꺼운 원단은 시침실을 두 겹으로 사용하면 좋다.
- 원단 위에서 다리미로 눌러 실이 쉽게 빠져나가지 않도록 한다.
- 직선(중심선, 옆선, 어깨선 등)은 긴 시침을, 곡선(진동, 네크라인, 목둘레 등)은 짧은 시침을 한다.

2 시침질(Basting Stitch)

① 상침 시침

가봉할 때 사용하며, 한쪽 원단 시접의 완성선을 접어 다른 쪽 옷감의 완성선에 올려놓는다.

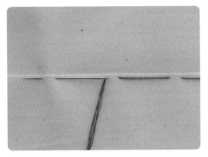 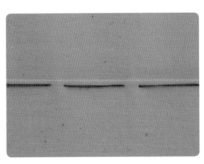 

1 땀의 길이는 1.5~2cm, 간격은 0.5cm로 시침한다.

2 완성본(앞면)

3 완성본

② 시침질

두 장의 옷감을 고정하거나 밀리지 않도록 고정하기 위한 작업으로 시침질을 하고 박음질한 후 시침실을 제거한다.

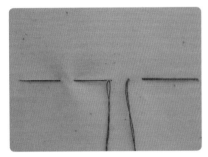 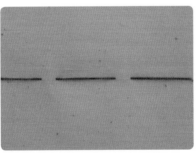

1 땀의 길이는 1~2cm, 간격은 0.5cm로 시침한다.

2 완성본(앞면)

3 완성본

3 홈질(Running Stitch)

땀의 간격을 좁고 고르게 바느질하는 방법으로 주름을 잡거나 솔기 처리, 소매산 오그림을 해야 할 때 사용한다. 주름을 잡을 때 촘촘하게 두 줄을 나란히 홈질하여 잡아당겨 주면 주름을 일정하고 고르게 잡을 수 있다.

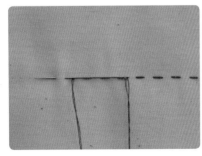 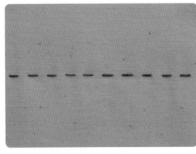 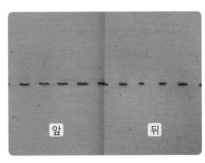

1 땀의 길이와 간격은 0.2~0.4cm로 바느질한다.

2 완성본(앞면)

3 완성본

4 온박음질(Even Back Stitch)

가장 튼튼한 손바느질로 바늘땀을 한 땀만큼 뒤로(오른쪽) 되돌려 뜨는 것으로 앞면은 재봉틀 박음질과 같은 모양이다.

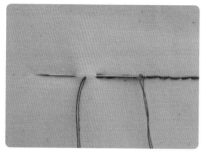 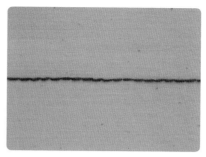 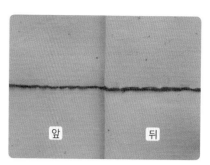

1 바늘을 뺀 지점에서 뒤로(오른쪽) 0.2cm 간 위치에 바늘을 꽂고 0.2cm 앞지점에서 바늘을 뺀다.

2 완성본(앞면)

3 완성본

5 반박음질(Half Back Stitch)

바느질 방법은 온박음질과 비슷하다. 온박음질이 바늘땀을 한 땀 떠 준 것에 비해 반박음질은 그 반만큼만 뒤로(오른쪽) 되돌려서 뜨는 방법이다.

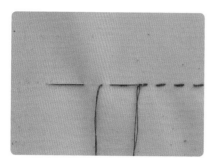  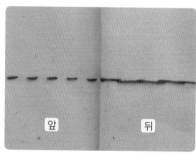

1 바늘을 뺀 지점에서 뒤로(오른쪽) 0.2cm 간 위치에 바늘을 꽂고 0.4cm 앞지점에서 뒤에서 앞으로 바늘을 뺀다.

2 완성본(앞면)

3 완성본

6 감침질(Hemming Stitch)

가장 일반적인 단 처리 방법으로 사용한다.

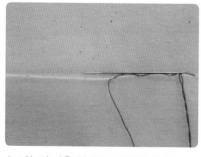 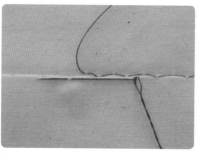 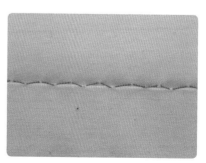

1 바늘이 나온 위치에서 몸판을 한 땀 뜨고 바늘을 뺀다.

2 0.5cm 떨어진 위치에서 단 부분에 한 땀을 뜨고 바늘을 뺀다.

3 완성본(앞면)

7 공그르기(Slip Stitch)

소맷부리, 치마, 바지 등의 밑단이나 안단 등을 마무리할 때 사용하는 바느질 방법이다.
바늘땀이 보이지 않도록 하며 실을 너무 잡아당겨서 옷감이 울지 않도록 주의한다.

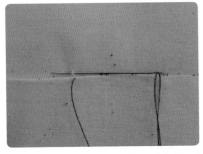 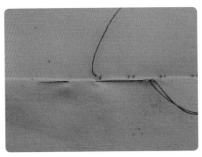 

1 실은 한 겹으로 사용하여 몸판을 한 땀 뜨고 바늘을 뺀다.

2 1~1.5cm 떨어진 위치에서 단 부분을 뜨고 바늘을 뺀다.

3 완성본(앞면)

8 새발뜨기(Catch Stitch)

바지나 치마의 단 처리, 안단을 겉감에 고정할 때 사용하는 방법이다.
보통의 손바느질은 오른쪽에서 왼쪽으로 뜨지만, 새발뜨기는 반대로 왼쪽에서 오른쪽으로 뜬다.

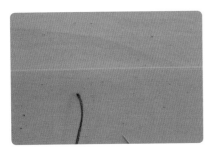  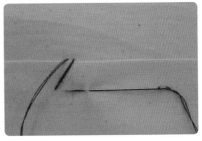

1 안에서 밖으로 바늘을 뺀다.

2 0.5~1cm 간격으로 사선으로 올라가서 한 땀을 뜬다.

3 사선으로 0.5~1cm 내려와 한 땀을 뜬다.

 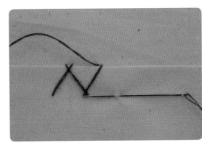 

4 반복

5 반복

6 반복

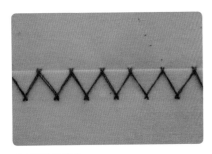

7 완성본(앞면)

9 어슷시침(Diagonal Basting)

긴 시침이나 보통 시침보다 견고하게 시침하고자 할 때 사용한다.
주로 재킷의 앞단, 라펠 외곽선, 형태를 고정할 때 사용한다.

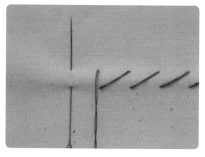

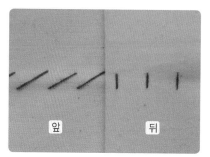

1 한 땀의 길이는 1cm. 위아래 간격은 0.5cm 로 바늘을 뺀다.

2 완성본(앞면)

3 완성본

10 실루프/실고리(Thread Loop)

재킷, 팬츠, 스커트 밑단의 겉감과 안감을 고정할 때, 재킷의 벨트 고리, 허리 벨트 고리 등에 사용한다.

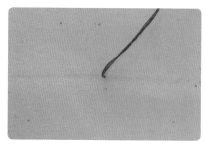
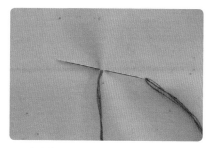
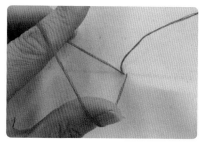

1 실은 두세 겹으로 준비하고 실고리 위치 를 표시한 후 안에서 밖으로 뺀다.

2 시작점에서 바늘땀을 뜬다.

3 실로 동그란 고리를 만든다.

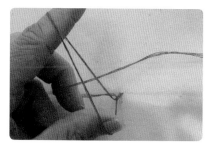
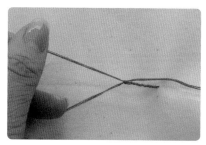
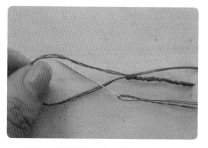

4 엄지손가락과 집게손가락으로 동그란 고 리를 잡아 주고, 가운뎃손가락으로 동그 란 고리 안으로 실을 잡아당긴다.

5 가운뎃손가락으로 실을 당기고, 엄지손가 락과 집게손가락은 실을 놓는다.

6 원하는 길이만큼 실고리를 만든 후 동그 란 고리 안으로 바늘을 집어넣어 뺀다.

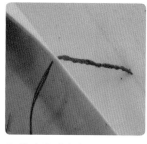
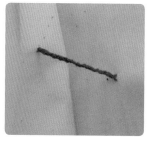

7 바늘을 꽉 잡아당겨 실고리가 풀리지 않도록 한다.

8 연결하고자 하는 위치에 바늘 을 집어넣는다.

9 옷감에 단단히 고정하고 매듭 을 짓는다.

10 완성본

1 버튼홀 스티치(Buttonhole Stitch)

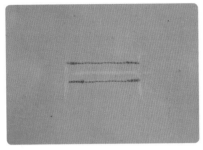

1 단춧구멍 위치를 표시하고 0.2~0.3cm 간격으로 좁은 땀수로 두 줄 박음질한다. 지지 역할을 할 것이다.

2 단춧구멍 머리(o)를 만들기 위한 공구들 이다.

망치
펀치
납

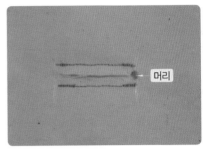

3 단춧구멍 사이를 자른다. 펀치가 없을 경우에는 가위로 단춧구멍 머리(o) 모양으로 자른다.

머리

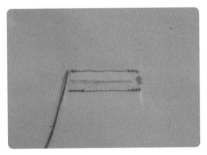

4 안에서 밖으로 바늘을 뺀다.

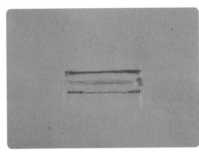

5 외곽선을 따라 실을 연결한다.

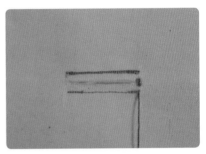

6 밑으로 내려와 연결한다.

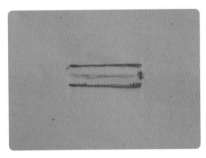

7 외곽선을 따라 실을 연결한다. 실을 연결한 후 만들면 완성 후 좀 더 예 쁘게 나온다.

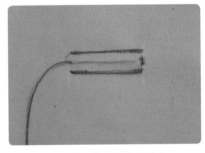

8 갈라진 사이로 바늘을 넣어 뺀다.

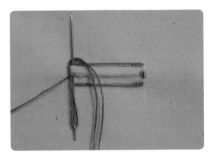

9 바늘 아래로 실을 걸어 준다.

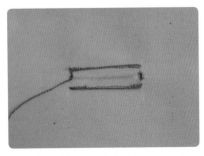

10 실을 건 부분을 손으로 살짝 잡아 그대 로 바늘을 뺀다.

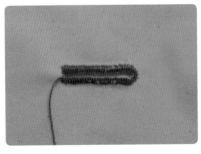

11 반복한다.

12 시작점에서 세로로 두세 번 되돌아와 실 을 매듭짓는다.

② 입술 단춧구멍

1 입술 단춧구멍을 만들 위치에 표시한다.

2 입술감을 위에 올려놓는다.

3 입술감에 단춧구멍 위치를 표시한다.

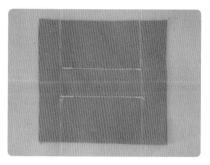

4 입술 주머니 시작점과 끝점을 되돌려박기를 해 주고 땀수는 좁게 조절한다.

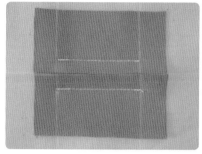

5 입술감의 중앙을 처음부터 끝까지 가로로 자른다.

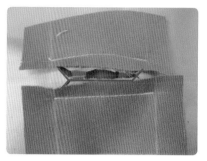

6 입술감 사이 중앙선을 ﹥──﹤ 모양으로 자른다.
삼각 모양을 잘 잘라 줘야 한다.

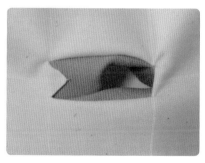

7 입술감 중앙 사이로 입술감을 주머니 안쪽으로 집어넣는다.

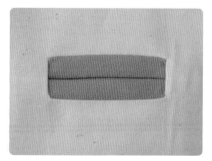

8 몸판 밖에서 본 입술 모양이다.

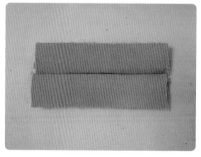

9 윗입술감과 아랫입술감을 잘 맞춰 다림질한다.

10 겉감을 젖혀 놓고 주머니끝 양쪽 삼각 부분을 입술감과 함께 고정 박음질한다.

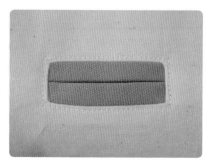

11 완성본

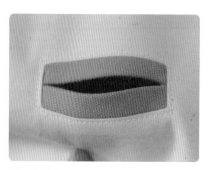

12 완성본

6 바이어스테이프 만들기

재킷 밑단, 재킷 소매 밑단, 스커트 밑단에 많이 사용한다.

1 정사각형의 옷감을 준비하여 45° 정바이어스 방향으로 자른다.
길이 : 감싸고자 하는 너비×4+0.5~0.7cm
(옷감의 두께에 따라 다르다)

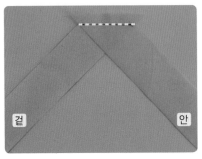

2 바이어스테이프의 겉과 겉을 90°로 마주 대고 꼭짓점의 중심으로 박음질한다.

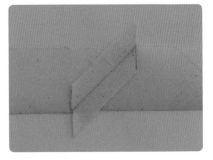

3 시접을 가름솔로 다림질한다.

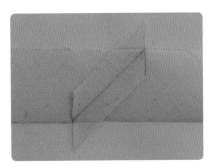

4 바이어스테이프의 양쪽 끝을 잘라 낸다.

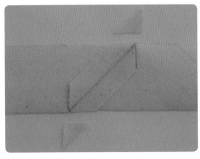

5 가장자리를 자른 모양이다.

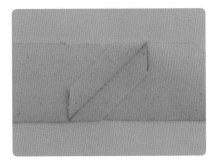

6 완성본

7 솔기 처리

1 가름솔(Plain Seam)

솔기 처리 중 가장 일반적으로 사용하는 방법으로 옆 솔기, 어깨 솔기 등에 사용한다.

① 오버로크 가름솔(Plain Seam with Overlock)

가름솔 중 가장 간단한 방법으로 시접의 올이 풀리지 않도록 오버로크해 줌으로써 솔기선이 깔끔하고 실루엣이 예쁘게 나와 많이 사용한다.

1 두 장의 옷감을 겉과 겉끼리 맞대어 시접 1.5cm 폭으로 박음질한다.

2 시접 1.5cm 폭으로 박음질한 모양이다.

3 시접 1.5cm 폭으로 박음질한 후 갈라서 다림질한다.

4 시접 끝부분에 오버로크를 친다. 완성본

② 접어박기 가름솔(Edge Finish)

솔기 시접의 끝을 안쪽으로 꺾어 박아 줌으로써 시접 끝이 깔끔하여 간절기 의복이나 안감이 없는 아웃웨어, 점퍼류 등에 주로 사용한다.

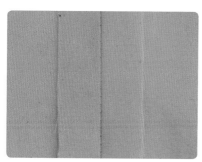

1 두 장의 옷감을 겉과 겉끼리 맞대어 시접 1.5cm 폭으로 박음질한다.

2 시접 1.5cm 폭으로 박음질한 모양이다.

3 시접 1.5cm 폭으로 박음질한 후 갈라서 다림질한다.

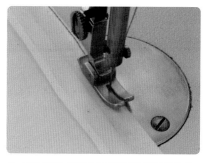

4 시접 끝을 안쪽으로 꺾어서 박음질한다.

5 완성본

③ 파이핑 가름솔(Plain Seam with Bound Edges)

안감이 없는 고가의 의복, 재킷, 블라우스, 아웃웨어에 사용한다.

1 두 장의 옷감을 겉과 겉끼리 맞대어 시접 1.5cm 폭으로 박음질한다.

2 시접 1.5cm 폭으로 박음질한 후 갈라서 다림질한다.

3 시접 끝 부분에 바이어스테이프 안쪽을 대고 0.5cm 폭으로 박음질한다.

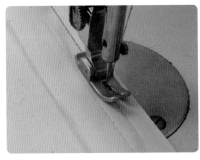

4 바이어스테이프로 시접을 감싸 테이프 끝에서 0.1~0.2cm 떨어진 위치를 박음질한다.

5 반대쪽 시접도 3과 4와 동일한 방법으로 박음질한다.

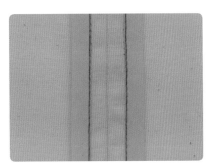

6 완성본

2 외솔(Oesol)

가장 보편적으로 많이 사용하며 옷감이 두껍지 않은 화섬류, 니트직, 저지류에 많이 사용한다.

1 두 장의 옷감을 겉과 겉끼리 맞대어 시접 1.5cm 폭으로 박음질한다.

2 시접 1.5cm 폭으로 박음질한 모양이다.

3 시접 두 개를 합쳐 오버로크를 친다.

3 쌈솔(Flat Felled Seam)

가장 튼튼한 솔기 처리 방법으로 캐주얼 의류, 작업복, 아동복, 운동복, 스포츠 의류, 청바지 다리 안선 등에 많이 사용한다. 겉과 안이 모두 깨끗하여 장식으로도 사용한다.

1 두 장의 옷감을 겉과 겉끼리 맞대어 시접 1.5cm 폭으로 박음질한다.

2 시접 1.5cm 폭으로 박음질한 모양이다.

3 시접 1.5cm 폭으로 박음질한 후 한쪽 시접은 그대로 두고 한쪽 시접만 0.3cm 남기고 자른다.
한쪽 시접은 안 잘리게 주의한다.

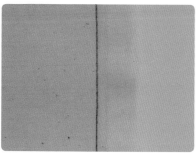

4 한쪽 시접만 0.3cm 폭으로 자른 모양이다.

5 넓은 시접을 가지고 0.3cm 폭으로 자른 시접을 감싼다.

6 감싸서 다림질한다.

7 감싼 시접 끝에서 0.1cm 폭으로 아래 원단과 함께 박음질한다.

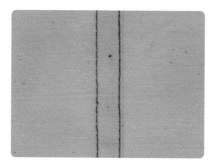

8 완성본(안쪽 면)

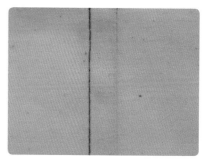

9 완성본(겉면)

④ 통솔(French Seam)

비치는 원단으로 시폰류의 블라우스, 원피스, 스커트 등 얇은 옷감의 솔기를 처리하고자 할 때 많이 사용한다.

1 두 장의 옷감을 안과 안끼리 맞대어 시접 0.4cm 폭으로 박음질한다.

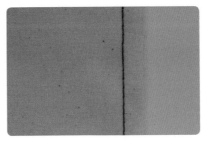

2 시접 0.4cm 폭으로 박음질한 모양이다.

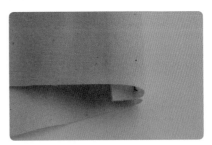

3 시접이 안으로 들어가도록 한다.

4 다림질한다.

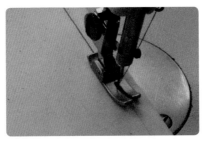

5 0.7cm 폭으로 박음질한다.

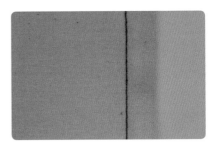

6 완성본

⑤ 뉨솔(Welt Seam)

쌈솔과 방법이 비슷하다. 시접에서 싸서 박지 않고 펼쳐서 겉으로 장식하는 방법으로 튼튼하게 봉제하거나 장식 효과를 줄 때 사용한다.

1 두 장의 옷감을 겉과 겉끼리 맞대어 시접 1.5cm 폭으로 박음질한다.

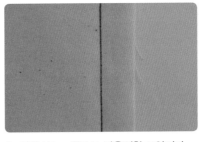

2 시접 1.5cm 폭으로 박음질한 모양이다.

3 시접 1.5cm 폭으로 박음질한 후 한쪽 시접을 0.3~0.5cm 남기고 자른다.

4 긴 시접에 오버로크를 친다.

5 오버로크를 친 긴 시접으로 시접 0.3~0.5cm 폭으로 자른 시접을 덮어서 긴 시접 위에 박음질한다.

6 완성본(안쪽 면)

7 완성본(겉면)

패턴(제도) 표시 기호

패턴(제도)을 보다 알기 쉽게 표시하는 기호이다.

항목	기호	설명	항목	기호	설명
안내선	———————	가는 실선으로 목적에 맞는 선(완성선)을 그리기 위한 안내가 되는 선	줄임 표시		옷감을 줄이는 기호
완성선	———————	굵은 실선으로, 패턴으로 완성된 윤곽을 나타내는 선	같음 표시	☆ ★ ○ ● ⊘ △ ▲ □ ■	같은 길이를 표시할 때 쓰는 기호
안단선	— · — · — · —	안단을 다는 위치와 크기를 나타내는 선	단춧구멍 표시	⊢——⊣	단춧구멍 뚫는 위치를 나타내는 기호
접는선 꺾임선	– – – – – – – –	접는선 및 꺾임선을 나타내는 선	단추 표시	⊕	단추 위치를 표시
등분선		정해진 길이의 선이 같은 길이로 나뉘어 있는 것을 나타내는 선	다트 표시		패턴상에서 접는 표시
바이어스 방향선		옷감의 바이어스 방향을 나타내는 선	교차 표시		좌우선이 교차하는 것을 나타내는 기호
올 방향선		화살표 방향으로 옷감의 세로(식서) 올이 지나는 것을 나타내는 선	절개 표시		패턴상에서 절개하는 기호
직각 표시		직각을 나타내는 기호	맞춤 표시 (골 표시)		옷감을 재단할 때 패턴을 연결한다는 표시
늘림 표시		옷감을 늘리는 기호			

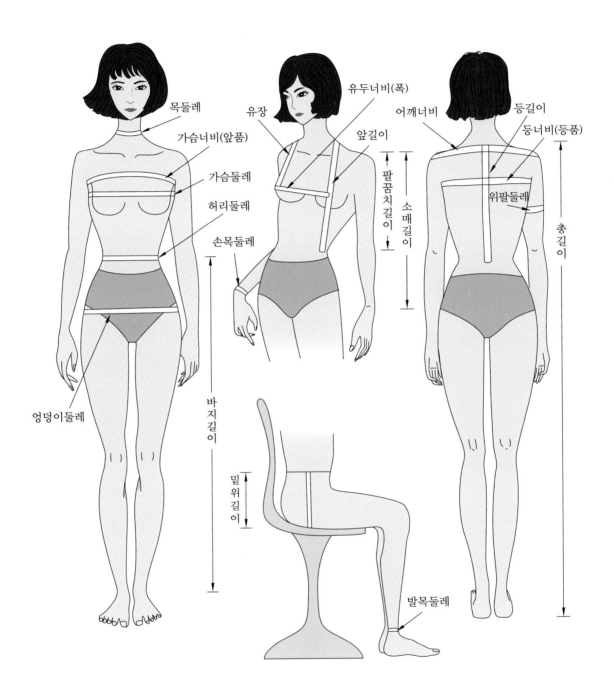

목둘레

가슴너비(앞품)

가슴둘레

허리둘레

손목둘레

엉덩이둘레

바지길이

밑위길이

유장

유두너비(폭)

앞길이

팔꿈치길이

소매길이

어깨너비

등길이

등너비(등품)

위팔둘레

총길이

발목둘레

인체 계측 항목 및 계측 방법

아름다운 실루엣의 의복을 제작하기 위해서는 정확한 인체 측정이 필요하다.
의복 제작에 필요한 몸의 둘레, 너비(폭), 길이를 재는 방법을 각각 정리하였다.

계측 항목	영어	계측 방법
목둘레	Neck Circumference	뒷목점, 옆목점, 앞목점을 지나면서 한 바퀴 돌려 치수를 잰다.
가슴너비(앞품)	Chest Breadth	좌우 겨드랑이 앞부분 사이를 잰다.
가슴둘레	Chest Circumference	가슴의 유두점을 지나는 수평 둘레를 잰다.
허리둘레	Waist Circumference	허리의 가장 가는 부분을 지나는 둘레를 잰다.
엉덩이둘레	Hip Circumference	엉덩이의 제일 돌출된 곳의 수평 둘레를 잰다.
바지길이	Slacks Length	옆허리선에서부터 발목점까지의 길이를 잰다.
유장	Bust Point Length	옆목점에서 유두점까지 사선 거리를 잰다.
유두너비(폭)	Bust Point Breadth	좌우 유두점 사이를 잰다.
앞길이	Front Shoulder to Waist	옆목점에서 유두점을 지나 허리선까지의 길이를 잰다.
팔꿈치길이	Elbow Length	팔을 약간 구부리고 어깨끝점에서 팔꿈치까지의 길이를 잰다.
소매길이	Sleeve Length	팔을 자연스럽게 내린 후 어깨끝점부터 팔꿈치를 지나 손목점까지의 길이를 잰다.
손목둘레	Wrist Girth	손목점을 지나는 둘레를 잰다.
밑위길이	Crotch Length	의자에 앉아 옆허리선부터 의자 바닥까지의 길이를 잰다.
발목둘레	Ankle Circumference	발목점을 지나는 수평 둘레를 잰다.
어깨너비	Shoulder Width	좌우 어깨끝점에서부터 뒷목점을 지나도록 잰다.
등너비(등품)	Back Width	좌우 겨드랑이 뒷부분 사이를 잰다.
등길이	Center Back Waist Length	뒷목점에서부터 뒤허리점까지의 길이를 잰다.
위팔둘레	Top Arm Circumference	팔을 굽힌 상태에서 팔의 가장 굵은 부분을 수평으로 잰다.
총길이	Center Back Full Length	뒷목점에서부터 바닥까지의 길이를 잰다.

재킷

- 피크드 칼라 재킷
- 스탠드 칼라 랜턴 소매 재킷
- 숄 칼라 재킷
- 하이 네크라인 재킷

재킷 제도에 필요한 용어 및 약어

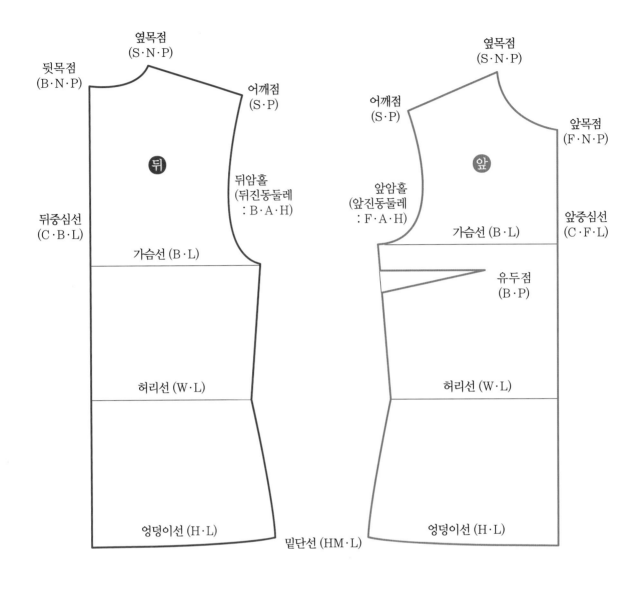

용어	약어	영어	용어	약어	영어
가슴둘레	B	Bust Girth	어깨선	S·L	Shoulder Line
허리둘레	W	Waist Girth	중심선	C·L	Center Line
엉덩이둘레	H	Hip Girth	암홀(진동둘레)선	A·H	Arm Hole
가슴선	B·L	Bust Line	옆목점	S·N·P	Side Neck Point
허리선	W·L	Waist Line	앞목점	F·N·P	Front Neck Point
엉덩이선	H·L	Hip Line	뒷목점	B·N·P	Back Neck Point
유두점	B·P	Bust Point	뒤중심선	C·B·L	Center Back Line
어깨점	S·P	Shoulder Point	앞중심선	C·F·L	Center Front Line

소매 제도에 필요한 용어 및 약어

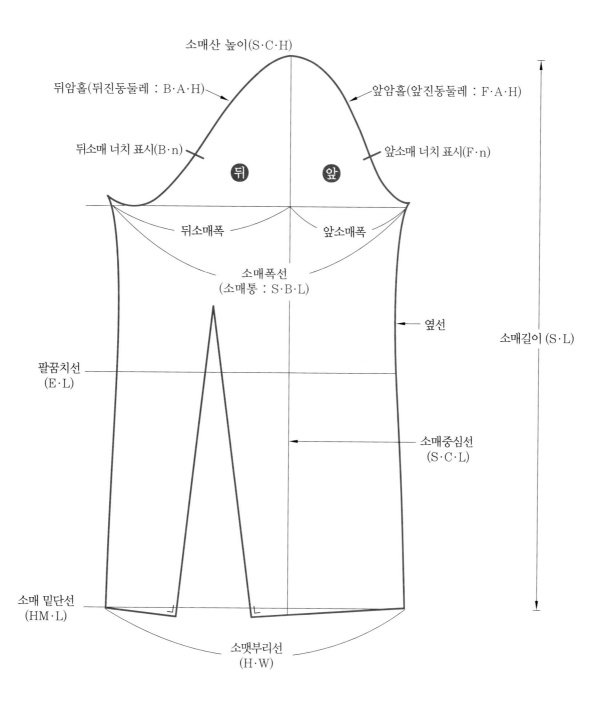

용어	약어	영어	용어	약어	영어
암홀(진동둘레)선	A·H	Arm Hole	소매폭선(소매통)	S·B·L	Sleeve Biceps Line
앞암홀(앞진동둘레)선	F·A·H	Front Arm Hole	소매중심선	S·C·L	Sleeve Center Line
뒤암홀(뒤진동둘레)선	B·A·H	Back Arm Hole	팔꿈치선	E·L	Elbow Line
앞소매 너치 표시	F·n	Front Notch	소맷부리선	H·W	Hand Wrist
뒤소매 너치 표시	B·n	Back Notch	소매길이	S·L	Sleeve Length
소매산 높이	S·C·H	Sleeve Cap Hight			

적용
치수

상의길이 : 56cm
가슴둘레 : 86cm
허리둘레 : 68cm

엉덩이둘레 : 92cm
엉덩이길이 : 18cm
등길이 : 38cm

앞길이 : 40.5cm
등품 : 35cm
앞품 : 33cm

어깨너비 : 38cm
유장 : 24cm

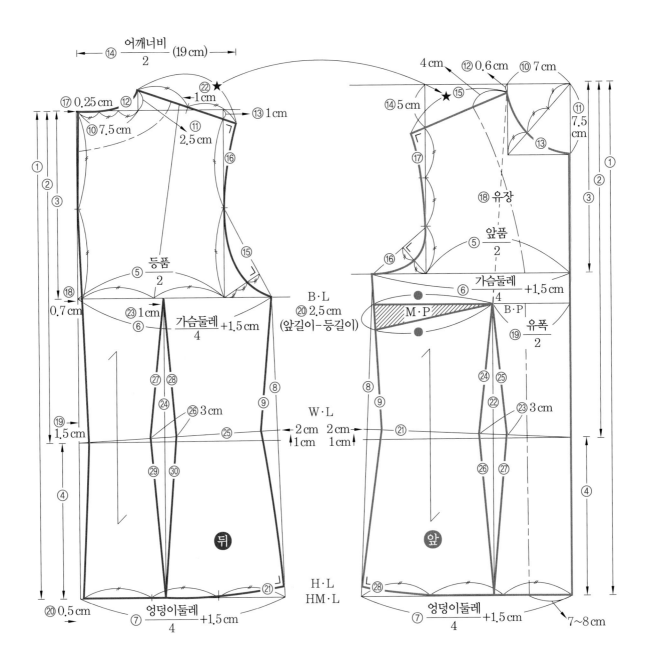

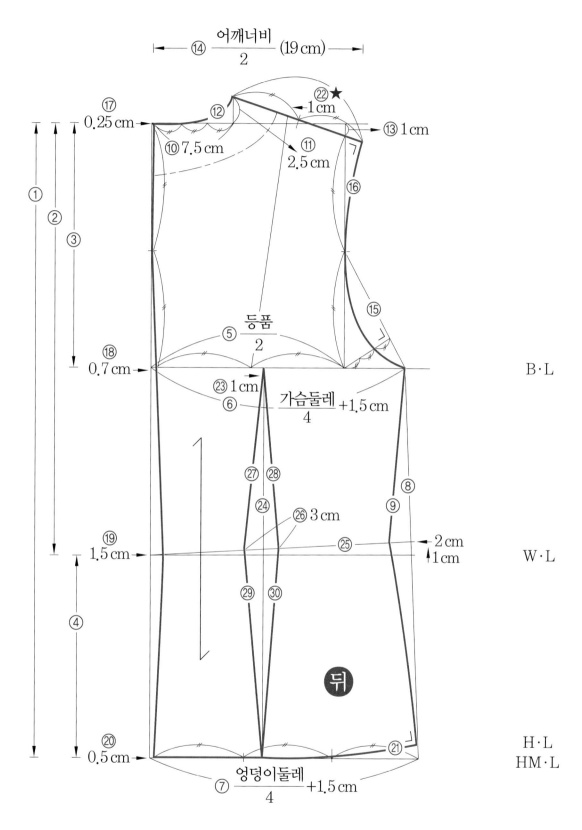

⑭ $\dfrac{\text{어깨너비}}{2}$ (19 cm)

⑰ 0.25 cm

⑫

㉒★ 1cm

⑬ 1 cm

⑩ 7.5 cm

⑪ 2.5 cm

⑯

⑮

⑤ $\dfrac{\text{등품}}{2}$

⑱ 0.7 cm

B·L

㉓ 1cm

⑥ $\dfrac{\text{가슴둘레}}{4}$ +1.5 cm

㉗ ㉘

⑧

㉔

㉖ 3 cm

⑨

⑲ 1.5 cm

㉕

2 cm
1 cm

W·L

㉙ ㉚

뒤

⑳ 0.5 cm

㉑

H·L
HM·L

⑦ $\dfrac{\text{엉덩이둘레}}{4}$ +1.5 cm

① 상의길이 : 56cm

② 등길이 : 38cm

③ 진동 깊이 : $\dfrac{\text{가슴둘레}}{4}$ +1cm

④ 엉덩이길이 : 18cm

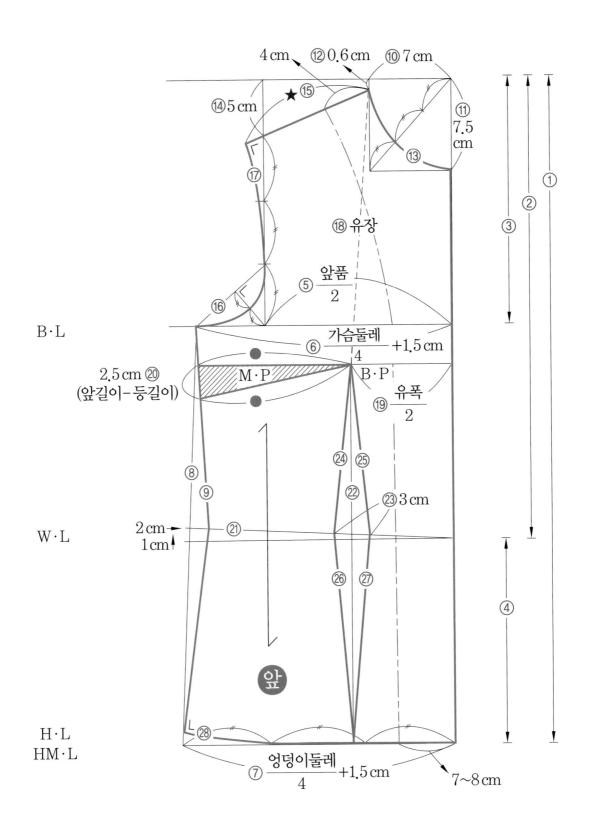

① 상의길이 : 56cm

② 앞길이 : 40.5cm

③ 진동 깊이 : $\dfrac{가슴둘레}{4}$ +1cm

④ 엉덩이길이 : 18cm

⑮ 뒤어깨선 치수를 재어 앞어깨선을 그린다.

⑲ $\dfrac{유폭}{2}$: 9cm

＊55사이즈를 기준으로 했을 때 : 유폭 18cm

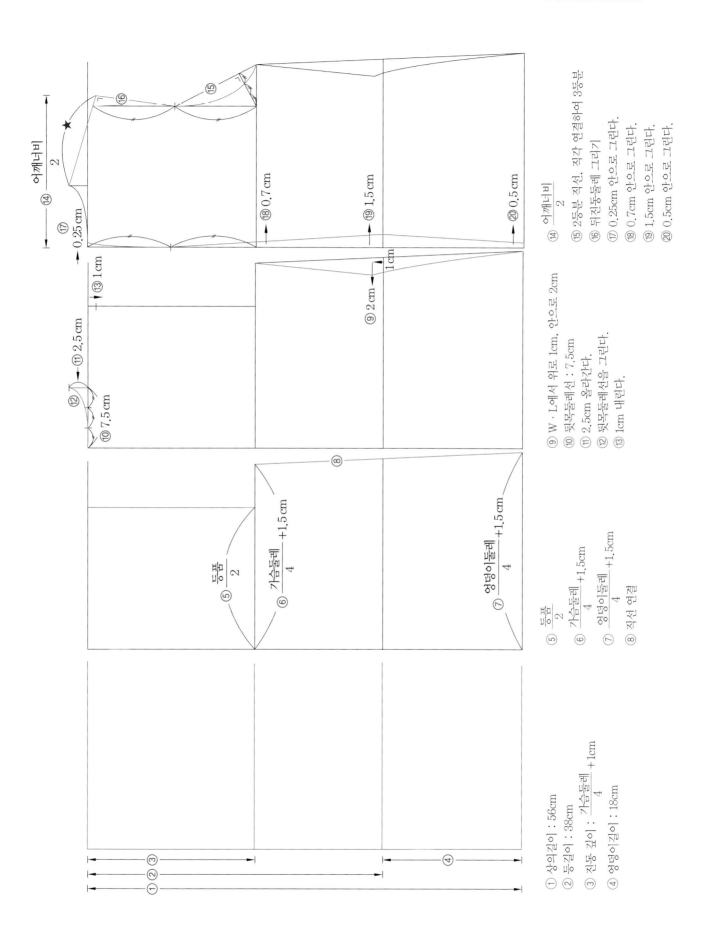

① 상의길이 : 56cm
② 등길이 : 38cm
③ 진동 깊이 : $\dfrac{\text{가슴둘레}}{4}$ +1cm
④ 엉덩이길이 : 18cm

⑤ $\dfrac{\text{등품}}{2}$
⑥ $\dfrac{\text{가슴둘레}}{4}$ +1.5cm
⑦ $\dfrac{\text{엉덩이둘레}}{4}$ +1.5cm
⑧ 직선 연결

⑨ W · L에서 위로 1cm, 안으로 2cm
⑩ 뒷목둘레선 : 7.5cm
⑪ 2.5cm 올라간다.
⑫ 뒷목둘레선을 그린다.
⑬ 1cm 내린다.

⑭ $\dfrac{\text{어깨너비}}{2}$
⑮ 2등분 직선, 직각 연결하여 3등분
⑯ 뒤진동둘레 그리기
⑰ 0.25cm 안으로 그린다.
⑱ 0.7cm 안으로 그린다.
⑲ 1.5cm 안으로 그린다.
⑳ 0.5cm 안으로 그린다.

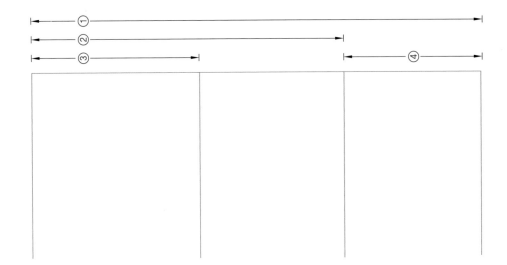

① 상의길이＋자이 치수(앞길이－등길이) : 58.5cm
② 앞길이 : 40.5cm
③ 진동 깊이 : $\dfrac{가슴둘레}{4}$ ＋1cm
④ 엉덩이길이 : 18cm

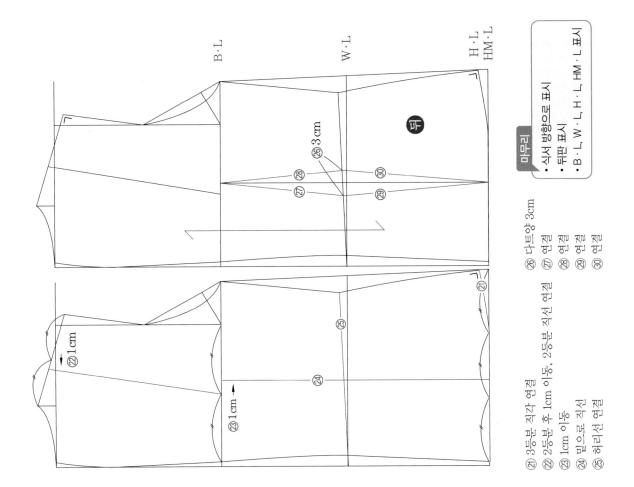

㉑ 3등분 직각 연결
㉒ 2등분 후 1cm 이동, 2등분 직선 연결
㉓ 1cm 이동
㉔ 밑으로 직선
㉕ 허리선 연결

㉖ 다트양 3cm
㉗ 연결
㉘ 연결
㉙ 연결
㉚ 연결

마무리
• 식서 방향으로 표시
• 뒤판 표시
• B·L, W·L, H·L, HM·L 표시

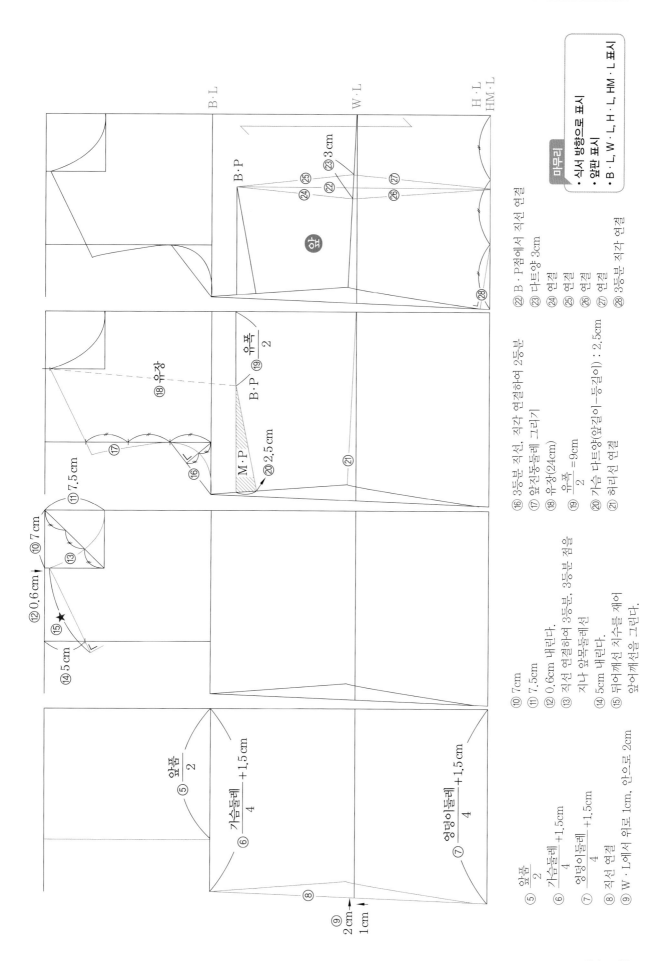

마무리
- 사서 방향으로 표시
- 앞판 표시
- B·L, W·L, H·L, HM·L 표시

⑤ $\dfrac{앞품}{2}$

⑥ $\dfrac{가슴둘레}{4}$ +1.5cm

⑦ $\dfrac{엉덩이둘레}{4}$ +1.5cm

⑧ 직선 연결

⑨ W·L에서 위로 1cm, 안으로 2cm

⑩ 7cm

⑪ 7.5cm

⑫ 0.6cm 내린다.

⑬ 직선 연결하여 3등분, 3등분 점을 지나 앞목둘레선

⑭ 5cm 내린다.

⑮ 뒤어깨선 치수를 제어 앞어깨선을 그린다.

⑯ 3등분 직선, 직각 연결하여 2등분

⑰ 앞진동둘레 그리기

⑱ 유장(24cm)

⑲ 유폭 $\dfrac{유폭}{2}$ =9cm

⑳ 가슴 다트양(앞길이─등길이) : 2.5cm

㉑ 허리선 연결

㉒ B·P점에서 직선 연결

㉓ 다트양 3cm

㉔ 연결

㉕ 연결

㉖ 연결

㉗ 연결

㉘ 3등분 직각 연결

B·L
W·L
H·L
HM·L

적용
치수 소매길이 : 57cm
소매밑단너비(소맷부리) : 24cm

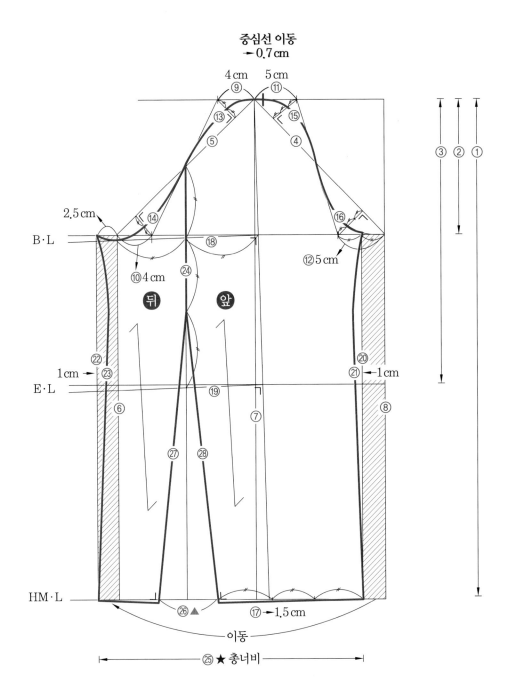

① 소매길이 : 57cm

② 소매산$\left(\dfrac{앞진동둘레+뒤진동둘레}{3}\right)$: 15cm

③ 팔꿈치길이$\left(\dfrac{소매길이}{2}+3cm\right)$: 31.5cm

④ 앞진동둘레(표준 22cm)−0.5cm

⑤ 뒤진동둘레(표준 23cm)−0.5cm

㉕ ★총너비 : 대략 31cm

㉖ ★31cm(총너비)−24cm(소매밑단너비) : ▲7cm

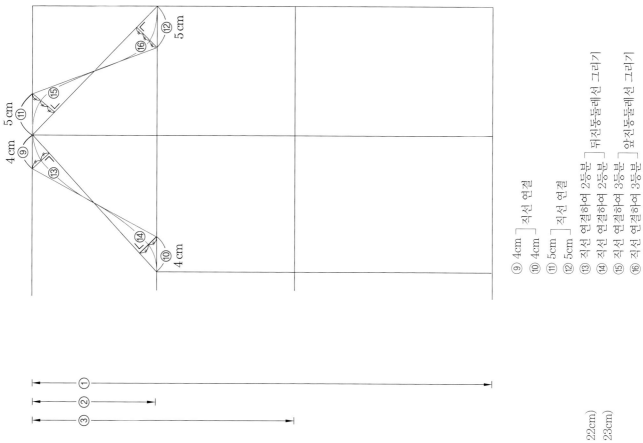

⑨ 4cm ⎤ 직선 연결
⑩ 4cm ⎦
⑪ 5cm ⎤ 직선 연결
⑫ 5cm ⎦
⑬ 직선 연결하여 2등분 ⎤ 뒤진동둘레선 그리기
⑭ 직선 연결하여 2등분 ⎦
⑮ 직선 연결하여 3등분 ⎤ 앞진동둘레선 그리기
⑯ 직선 연결하여 3등분 ⎦

① 소매길이 : 57cm

② 소매산 $\left(\dfrac{앞진동둘레+뒤진동둘레}{3} \right)$: 15cm

③ 팔꿈치길이 $\left(\dfrac{소매길이}{2} +3cm \right)$: 31.5cm

④ 앞진동둘레−0.5cm(앞진동둘레선의 치수를 잰다. 표준 22cm)

⑤ 뒤진동둘레−0.5cm(뒤진동둘레선의 치수를 잰다. 표준 23cm)

⑥ 직선 연결   ⑦ 직선 연결   ⑧ 직선 연결

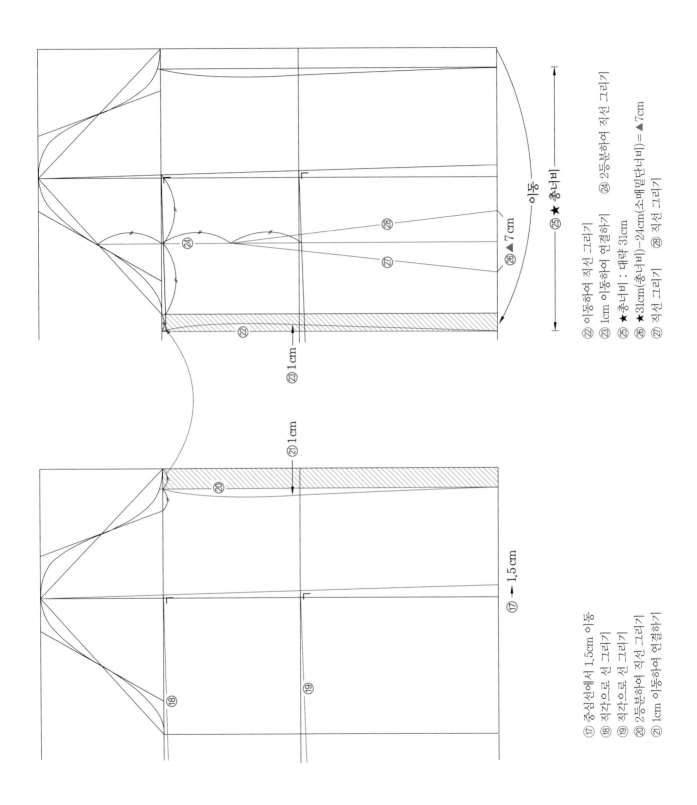

㉒ 이동하여 직선 그리기
㉓ 1cm 이동하여 연결하기
㉕ ★중나비 : 대략 31cm
㉖ ★31cm(중나비)−24cm(소매밑단나비)＝▲7cm
㉗ 직선 그리기
㉘ 직선 그리기
㉔ 2등분하여 직선 그리기

⑰ 중심선에서 1.5cm 이동
⑱ 직각으로 선 그리기
⑲ 직각으로 선 그리기
⑳ 2등분하여 직선 그리기
㉑ 1cm 이동하여 연결하기

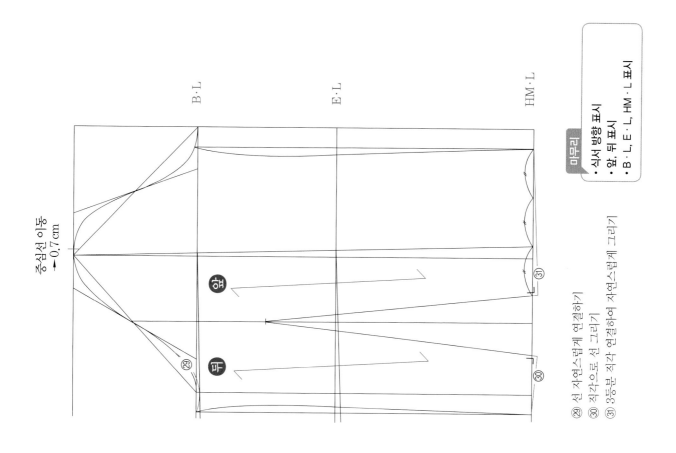

중심선 이동
←0.7cm

B·L

E·L

HM·L

뒤

앞

㉙

㉚

㉛

• 식서 방향 표시
• 앞, 뒤 표시
• B·L, E·L, HM·L 표시

㉙ 선 자연스럽게 연결하기
㉚ 직각으로 선 그리기
㉛ 3등분 직각 연결하여 자연스럽게 그리기

1 시험 시간

표준 시간 : 7시간 정도, 연장 시간 : 없음

2 요구 사항

※ **지급된 재료로 디자인과 같이 피크드 칼라 재킷을 제작하시오.**

① 제시된 디자인과 동일한 작품을 적용 치수에 맞게 제도, 재단하여 의복을 제작하시오.

    (지급받은 원단의 겉면과 안면(표면과 이면)은 수험자가 판단하여 작업하시오.)

② 제시된 디자인과 동일한 패턴 2부를 제도하여 1부는 재단에 사용하고, 다른 1부는 제작한 작품과 함께 채점용으로 제출하시오.

    (제출용 패턴 제도에는 기초선과 제도에 필요한 부호와 약자를 표시하며, 패턴지는 자르지 않고 제출합니다.)

③ 패턴 제도와 재단 시 먹지, 룰렛과 칼은 사용하지 마시오.

④ 완성 치수는 문제에 제시된 치수로 제작하고, 제시되지 않은 치수는 디자인에 맞게 제작하시오.

    가슴둘레, 허리둘레, 엉덩이둘레, 앞너비, 앞길이, 유장, 등너비, 등길이, 상의길이, 어깨너비, 소매길이, 소매밑단둘레

3 도면

적용 치수	
가슴둘레 : 86cm	소매길이 : 57cm
허리둘레 : 68cm	소매밑단둘레 : 25cm
엉덩이둘레 : 92cm	재킷길이(상의장) : 57cm
엉덩이길이 : 18cm	
등길이 : 38cm	
앞길이 : 40.5cm	
등품 : 35cm	
앞품 : 33cm	
어깨너비 : 38cm	
유장 : 24cm	

지시 사항

- 주머니 사이즈는 12×5로 하시오.
- 앞은 암홀 프린세스라인, 뒤는 허리다트로 하시오.
- 안단은 앞판에만 처리, 안감은 몸판에만 하시오.
- 겉감 밑단은 바이어스로 처리하여 공그르기하시오.
- 테이프 심지, 시접 디자인에 맞게 작업하시오.
- 단춧구멍은 입술 단춧구멍(2.5cm)으로 제작하시오.
- 소매 시접은 접어박으시오.
- 소매 끝 바이어스 후 공그르기하시오.
- 진동둘레 바이어스, 안감 접어박기하시오.
- 소매는 두 장 소매로 트임 없이 하시오.

※ 매 시험마다 적용 치수와 지시 사항은 다르게 출제될 수 있다.

비번호		성명	

도식화 (앞)　　　　　　　　　　　　　　(뒤)

봉제 시 유의사항	원 · 부자재 소요량			

봉제 시 유의사항

- 겉감, 안감 식서 방향에 주의하시오.
- 심지는 밀리지 않도록 다림질에 유의하시오.
- 앞판은 암홀 프린세스라인, 뒤판은 허리 다트로 하시오.
- 소매는 두 장 소매로 트임 없이 하시오.
- 겉감 밑단은 바이어스로 처리하여 공그르기하시오.
- 안감 밑단은 접어박기하시오.
- 소매진동 시접 처리는 바이어스 처리하시오.
- 소맷부리는 바이어스로 처리하여 공그르기하시오.
- size 절대 준수

원 · 부자재 소요량

자재명	규격	단위	소요량
겉감	110cm	cm	210
안감	110cm	cm	210
심지	110cm	cm	100
재봉실	60s/3합	com	1
다대 테이프	10mm	cm	150
단추	20mm	EA	1
단추	12mm	EA	2

※ 매 시험마다 적용치수가 다를 수 있으니 시험지에 있는 지시사항과 원·부자재 규격, 소요량을 잘 쓰고, 각각 5개 이상 맞으면 주어진 배점에 만점으로 인정됩니다.

※ 작업 지시서 작성은 반드시 흑색 또는 청색 필기구를 사용하여야 합니다(연필로 작성하면 무효 처리).

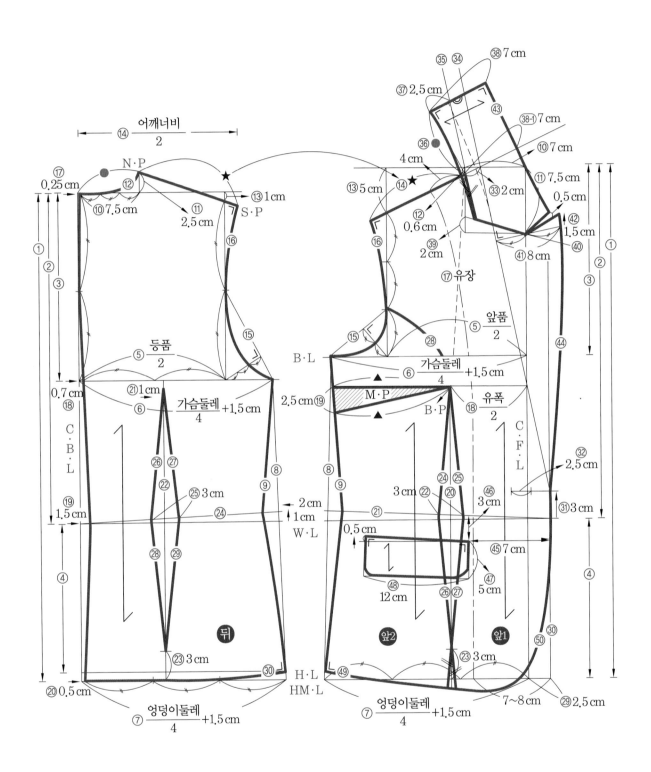

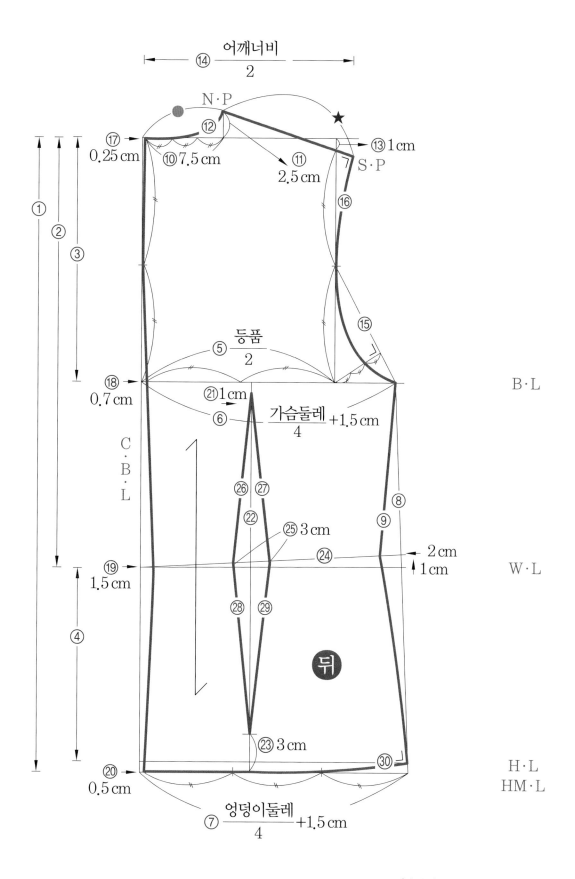

어깨너비
⑭ $\dfrac{\text{어깨너비}}{2}$

N·P

⑰ 0.25cm

⑫

⑩ 7.5cm

⑪ 2.5cm

★

⑬ 1cm

7 S·P

⑯

① ② ③

⑮

등품
⑤ $\dfrac{\text{등품}}{2}$

⑱ 0.7cm

B·L

㉑ 1cm

⑥ $\dfrac{\text{가슴둘레}}{4}+1.5\,\text{cm}$

C·B·L

㉖ ㉗

㉒

⑧

⑨

㉕ 3cm

㉔

2cm

1cm

⑲ 1.5cm

W·L

④

㉘ ㉙

뒤

㉓ 3cm

⑳ 0.5cm

㉚

H·L
HM·L

⑦ $\dfrac{\text{엉덩이둘레}}{4}+1.5\,\text{cm}$

① 재킷길이 : 57cm

② 등길이 : 38cm

③ 진동 깊이 : $\dfrac{\text{가슴둘레}}{4}+1\text{cm}$

④ 엉덩이길이 : 18cm

재킷 55

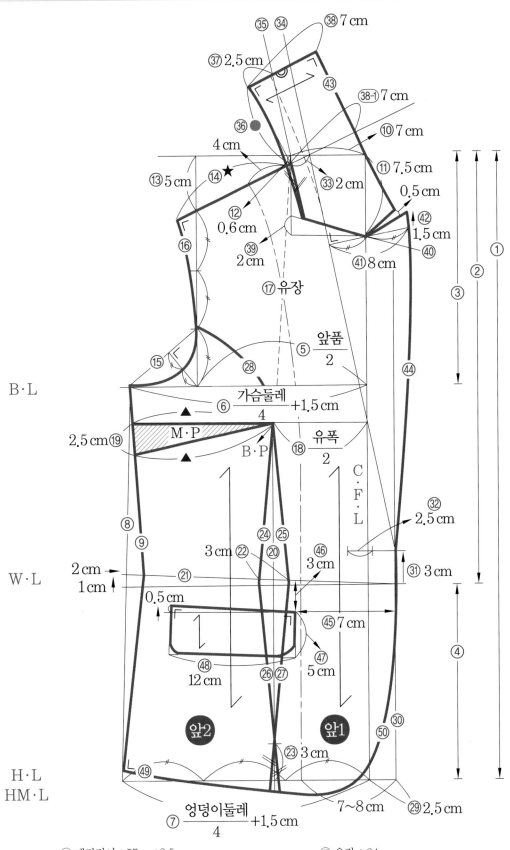

③ ⑤ ④ ⑧ 7 cm

㊲ 2.5 cm

㊱ ⑭ ★

④ 4 cm

⑬ 5 cm

⑯

⑫ 0.6 cm

㊴ 2 cm

⑰ 유장

㉝ 2 cm

㊳⁻¹ 7 cm

⑩ 7 cm

⑪ 7.5 cm

0.5 cm

㊷ 1.5 cm

㊵

㊶ 8 cm

① ② ③

⑤ $\dfrac{앞품}{2}$

⑮ ㉘

B·L

⑥ $\dfrac{가슴둘레}{4}$ +1.5 cm

2.5 cm ⑲ M·P ▲ B·P

⑱ $\dfrac{유폭}{2}$

㊸

C·F·L

⑧

⑨

㉜ 2.5 cm

W·L 2 cm → ㉑

1 cm ↑

3 cm ㉒ ㉔ ㉕ ㉔ ㉒ ㉒

㊻ 3 cm

㉛ 3 cm

0.5 cm

㊺ 7 cm

㊼ 5 cm

④

앞2 앞1

⑱ 12 cm

㉖㉗

㉓ 3 cm

㊿ ㉚

H·L
HM·L

㊾

$\dfrac{엉덩이둘레}{4}$ +1.5 cm
⑦

7~8 cm

㉙ 2.5 cm

① 재킷길이 : 57cm+2.5cm

② 앞길이 : 40.5cm

③ 진동 깊이 : $\dfrac{가슴둘레}{4}$ +1cm

④ 엉덩이길이 : 18cm

⑭ 뒤어깨선 치수를 재어 앞어깨선을 그린다.

⑰ 유장 : 24cm

⑱ 유폭은 18cm이므로, $\dfrac{유폭}{2}$ (9cm)으로 적용한다.

⑲ 앞길이−등길이

㉙ 여밈분

㊱ 뒷목둘레 : 8cm

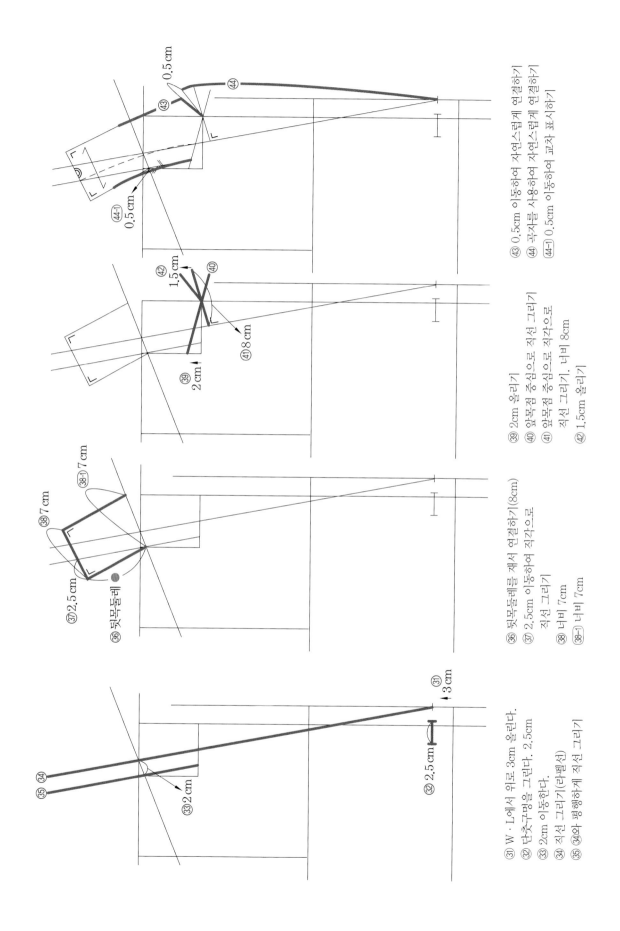

㊹ 0.5cm 이동하여 자연스럽게 연결하기
㊽ 곡자를 사용하여 자연스럽게 연결하기
㊹-1 0.5cm 이동하여 교차 표시하기

㊴ 2cm 올리기
㊵ 앞목점 중심으로 직선 그리기
㊶ 앞목점 중심으로 직각으로 직선 그리기, 너비 8cm
㊷ 1.5cm 올리기

㊱ 뒷목둘레를 제자리 연결하기(8cm)
㊲ 2.5cm 이동하여 직각으로 직선 그리기
㊳ 너비 7cm
㊳-1 너비 7cm

㉛ W·L에서 위로 3cm 올린다.
㉜ 단춧구멍을 그린다. 2.5cm
㉝ 2cm 이동한다.
㉞ 직선 그리기(라펠선)
㉟ ㉞와 평행하게 직선 그리기

적용
치수

소매길이 : 57cm
소매밑단너비(소맷부리) : 25cm

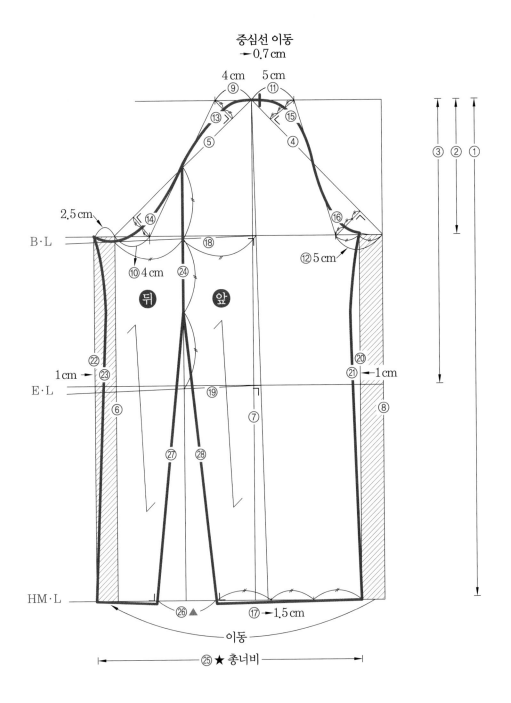

① 소매길이 : 57cm

② 소매산 $\left(\dfrac{앞진동둘레+뒤진동둘레}{3}\right)$: 15cm

③ 팔꿈치길이 $\left(\dfrac{소매길이}{2}+3cm\right)$: 31.5cm

④ 앞진동둘레(표준 22cm)−0.5cm

⑤ 뒤진동둘레(표준 23cm)−0.5cm

㉕ ★총너비 : 대략 31cm

㉖ ★31cm(총너비)−25cm(소매밑단너비)＝▲6cm

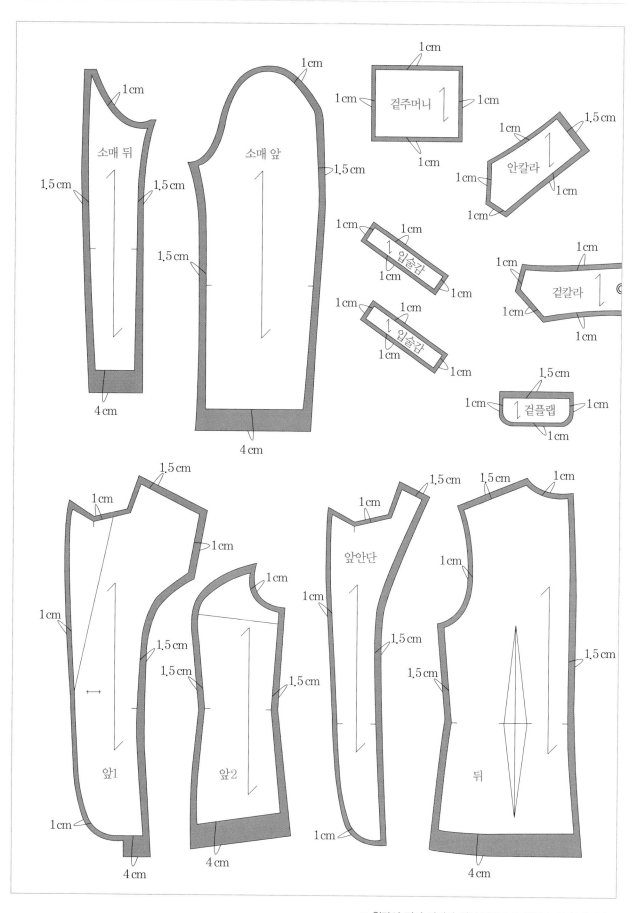

※ 원단의 겉과 겉끼리 식서 방향으로 접어 놓은 상태이다.

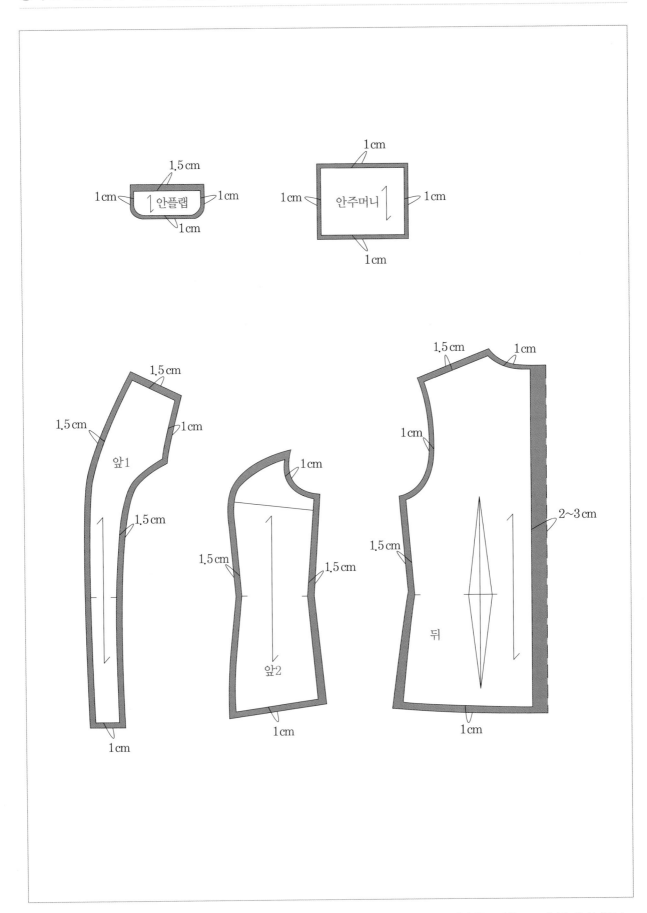

※ 원단의 겉과 겉끼리 식서 방향으로 접어 놓은 상태이다.

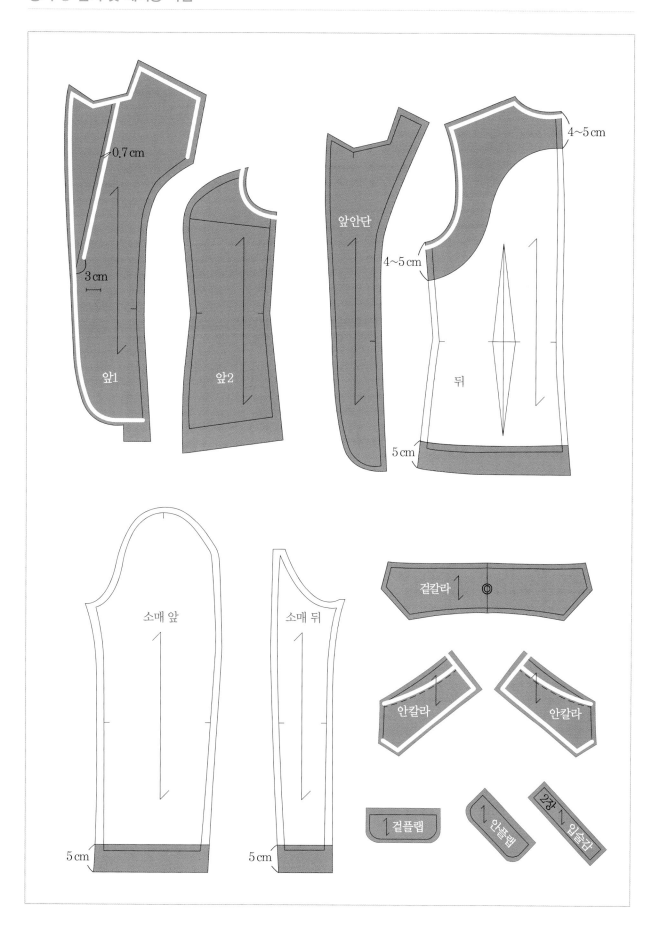

1 앞판 만들기

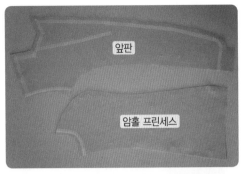

1 앞판과 암홀 프린세스를 겉과 겉끼리 놓고 박음질한다.

2 박아 놓은 앞판과 암홀 프린세스를 우마에 올려놓고 가슴 라인을 살리면서 가름솔로 다림질한다.
약간 늘리면서 다림질로 정리한다.

소재에 따라 암홀 프린세스가 잘 다려지지 않으면 가위집을 준다.

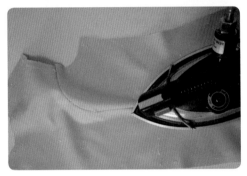

3 시접 자국이 나지 않도록 겉면에서 잘 다림질한다.

• 주머니 만들기 준비물
플랩 : 겉감 2장, 심지 2장
　　　 안감 2장, 심지 2장

14cm / 7.5cm

입술감 : 겉감 4장, 심지 4장

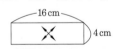

16 cm / 4 cm

주머닛감 : 겉감 2장, 안감 2장

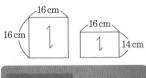

16 cm / 16 cm / 16 cm / 14 cm

2 주머니 만들기

1 입술 주머니를 만들 위치에 표시한다.
몸판 겉면이다.

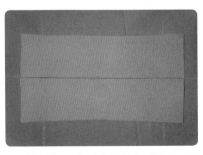

2 입술감을 몸판 겉면에 입술 겉감과 마주 보게 놓는다.
입술감은 심지를 붙인 상태이다.

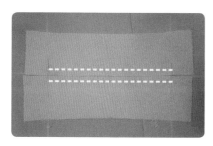

3 입술주머니 시작점과 끝점을 되돌림박기를 튼튼히 해 주고 박음질한다.

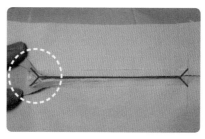

4 입술감 사이 중앙선을 〉──〈 모양으로 자른다.
삼각 모양을 잘 잘라 줘야 한다.

5 입술감 중앙 사이로 아랫입술감을 주머니 입구 안쪽으로 집어넣는다.

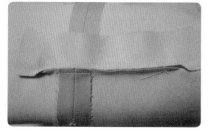

6 입술감을 넣은 몸판 안쪽이다.

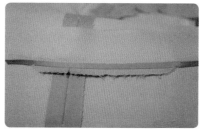

7 몸판 안쪽 잘라 놓은 〉──〈 모양과 입술감의 시접을 갈라 다림질한다.

8 갈라서 다린 시접을 그대로 감싸 입술 모양을 만들어 준다.

9 감싸서 다림질한다.
갈라서 다려야 입술이 두껍지 않고 예쁘게 만들어진다.

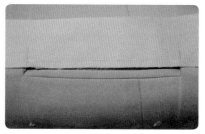

10 윗입술감도 5~8까지 동일한 방법으로 한다.

11 윗입술감과 아랫입술감을 잘 맞춰 다림질한다.

12 몸판 밖에서 본 입술 모양이다.

13 겉감을 젖혀 놓고 주머니 끝 양쪽 삼각 부분을 입술감과 함께 고정 박음질한다.

14 심지를 붙인 겉감 플랩과 안감 플랩을 겉과 겉끼리 마주 보게 한 뒤 플랩 모양대로 박음질한다.

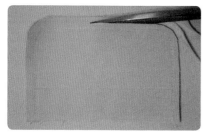

15 박음질한 플랩을 직선은 0.5cm, 곡선은 0.2~0.3cm 시접을 남기고 자른다.

16 모서리는 송곳을 이용해 모양을 잡은 뒤 손으로 꽉 잡는다.

17 손으로 잡은 모서리를 다림질한다.
모서리를 잘 다려 줘야 뒤집었을 때 예쁘게 나온다.

18 플랩을 뒤집어 다림질한다.

19 초크로 시접을 그린다.

20 입술 사이로 초크로 그린 시접만큼 플랩을 안쪽으로 끼운다.

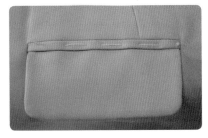

21 입술과 플랩을 함께 상침질해 고정한다.

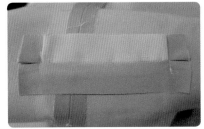

22 상침질로 고정한 안쪽이다.

23 상침질로 고정한 그 위에 주머니 겉감을 올려놓는다.

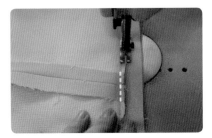

24 9에서 갈라 다려 놓은 시접과 주머니 겉감을 함께 박음질한다.

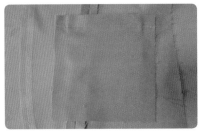

25 박아 놓은 주머니 겉감이다.

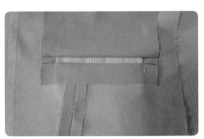

26 박음질한 주머니 겉감을 위로 올린다.

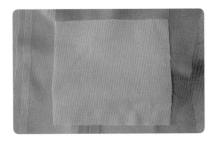

27 주머니 안감도 같은 방법으로 박음질한다.

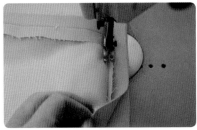

28 7에서 갈라 다려 놓은 시접과 주머니 안감을 함께 박음질한다.

29 윗입술감에는 주머니 겉감을, 아랫입술감에는 주머니 안감을 박음질한다.

30 주머니 겉감을 아래로 내린다.

31 삼각 부분에서 시작하여 박음질한다.

32 재킷 겉감을 들고 안쪽에서 주머니 모양대로 박음질한다.

3 뒤판 만들기

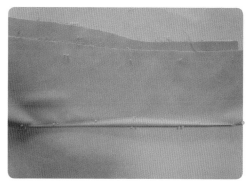

1 뒤판 다트를 박음질한다.

다트 끝부분은 실로 매듭을 지어
풀리지 않도록 세 번 묶어 준다.

2 박아 놓은 다트를 우마 위에 올려놓고
뒤판 중심 쪽을 바라보게 다림질한다.

암홀 테이프 붙이기

**주의
사항** 다리미를 밀지 말고 스팀을
주면서 고르게 접착한다.

※ 암홀 부위에는 암홀 전용 심지
테이프를 부착하면 소매가 예쁘게
달린다.

22쪽 심지 참고

3 뒤중심선을 박음질한 후 가름솔로 다
림질한다.

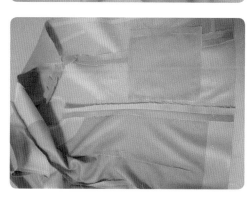

4 앞판, 뒤판의 겉과 겉끼리 옆선을 박음
질한 후 가름솔로 다림질한다.
재킷의 라인을 생각하면서 약간 늘리면
서 다림질한다.

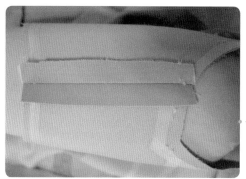

5 앞판, 뒤판의 어깨선을 박음질한 후 우
마에 올려놓고 가름솔로 다림질한다.

우마

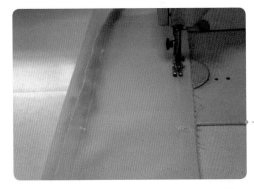

1 큰 소매와 작은 소매의 안솔기선을 박음질한다.

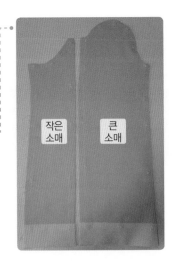

작은 소매 / 큰 소매

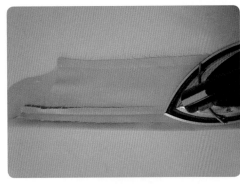

2 박음질한 후 가름솔로 다림질한다.

3 가름솔한 소매 시접을 접어박기한다.
소매에 안감이 달릴 경우에는 소매 시접을 접어박기하지 않는다.

확대 모양
31쪽 접어박기 가름솔 방법 참고

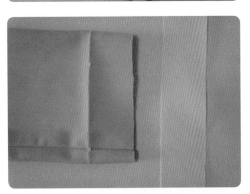

4 소매 밑단을 완성선에 맞추어 다림질한다.
폭 3.5cm 바이어스테이프를 준비한다.
소재에 따라 폭 사이즈는 달라진다.

• **바이어스테이프 연결 방법**

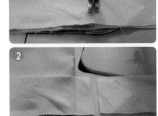

5 소매 끝에서 노루발 반 발 0.5cm 간격으로 박음질한다.
소매 겉감 밑단에 바이어스테이프를 올려놓고 박음질한다.

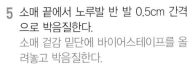

30쪽 바이어스테이프 만들기 방법 참고
32쪽 파이핑 가름솔 방법 참고

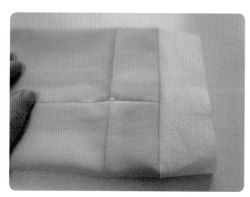

6 박음질한 후 바이어스테이프를 밑으로
내린다.

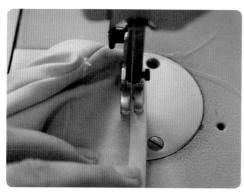

7 바이어스테이프로 시접을 감싸 테이프
끝에서 0.1cm 떨어진 위치를 박음질한다.

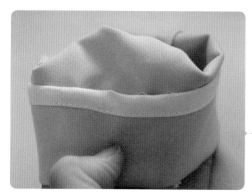

8 소맷단을 접어 공그르기한다.

• 26쪽 공그르기 방법 참고

9 소매산에 이즈(ease)를 잡기 위해 중심
표시를 해 준다.

소매산

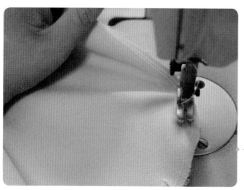

10 소매산 완성선에서 0.2~0.3cm 간격
으로 나란히 두 줄로 박음질한다.
❶ 미싱의 땀수를 큰 땀수로 돌려놓고
박음질한다(실이 끊기지 않고 잘
당겨지도록 하기 위해서이다).
❷ 시작과 끝은 되돌려박기를 하지 않
고 실을 길게 남겨 둔다(잡아당기
기 위해서이다).

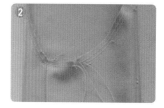

실을 길게 남겨 둔 모양

11 소매산 양쪽에서 두 올의 실을 잡아
당겨 암홀 라인 치수에 맞게 오그려
준다.

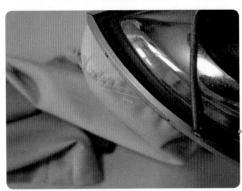

12 오그린 소매산을 소매 전용 데스망에
올려놓고 스팀을 주면서 다림질한다.
데스망 또는 우마 가장자리에 대고 스
팀을 주면서 다림질한다.

데스망

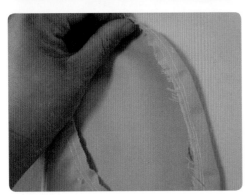

13 이즈를 잡아 오그려 다림질한 완성된
소매산 모양이다.

우마

14 완성된 소매를 몸판과 함께 핀을 꽂
아 움직이지 않게 고정해 준다.
소매 중심선을 맞추어 고정한다.

소매를 달기 힘들어하는 분들은
핀으로 고정한 소매를 시침질하여
고정해 준다.
24쪽 시침질 방법 참고

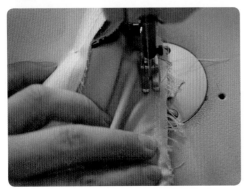

15 고정한 소매의 안쪽을 위로 놓고 겨
드랑이 밑에서부터 시작하여 박음질
한다.

16 소매와 몸판을 박음질한 모양이다.

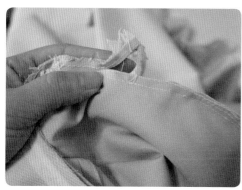

17 소매와 몸판을 박음질한 시접을 0.5cm 남기고 가위로 자른다.

18 시접이 일정하도록 잘 자른 모양이다.

• 바이어스테이프 연결 방법

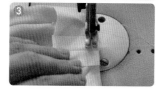

30쪽 바이어스테이프 만들기 방법 참고
32쪽 파이핑 가름솔 방법 참고

19 폭 3.5cm 바이어스테이프를 준비한다.
• 핀으로 꽂은 부위가 박음질할 부위 이다.
• 테이프의 폭 사이즈는 소재에 따라 달라진다.

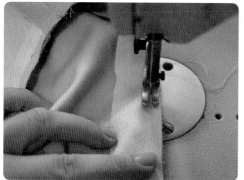

20 소매 안쪽에 바이어스테이프를 올려 놓고 노루발 반 발 0.5cm 간격으로 박음질한다.

21 바이어스테이프로 시접을 감싸 아래는 접어 주고 테이프 끝에서 0.1cm 위치에 박음질한다.

22 진동둘레에 바이어스테이프를 친 모양이다.

5 안감 만들기

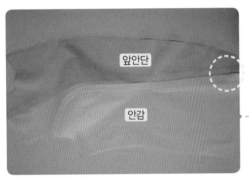

앞안단

안감

1 앞안단과 안감을 겉과 겉끼리 박음질한다.
앞안단 시접은 옆선 쪽으로 다림질한다. 암홀 프린세스는 앞안단 쪽으로 다림질한다.

• 이때 앞안단은 밑단에서 3cm 남기고 박음질한다.

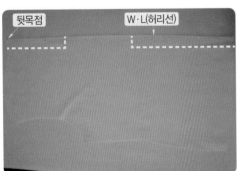

뒷목점   W·L(허리선)

2 뒷목점에서 8cm 내린 위치까지 직선으로 박음질한다. 허리선에서 5cm 올린 지점부터 직선으로 뒤중심선을 박음질한다.
등 부위에 활동 여유분을 주기 위해서이다.

3 뒤중심 시접은 왼쪽으로 다림질한다.
입었을 때 뒤중심 시접은 오른쪽으로 가야 한다.

4 앞판과 뒤판을 겉과 겉끼리 놓고 옆선
을 박음질한다.

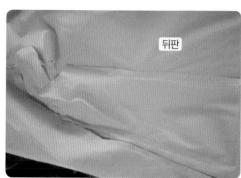

뒤판

5 옆선은 뒤판 쪽으로 다림질한다.

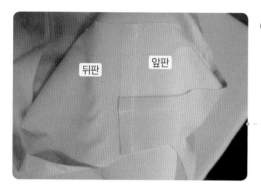

뒤판　　앞판

6 앞판, 뒤판 어깨를 박음질한 후 우마에
올려놓고 시접을 뒤쪽으로 다림질한다.

우마

6 겉감·안감 연결하기

1 완성된 겉감과 안감을 겉과 겉끼리 맞
추어 놓는다.

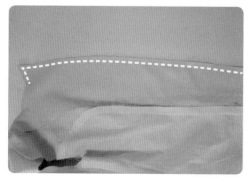

2 칼라 달림 끝점부터 안단의 밑단까지
박음질한다.

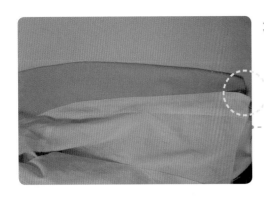

3 박음질한 후 뒤집는다.

뒤집기 전에 송곳을 이용해 둥근 밑단 모양을 만들어 손으로 눌러 다림질한다.
※ 다림질한 후 뒤집어야 모양이 예쁘게 나온다.

7 칼라 만들기

1 겉칼라와 안칼라의 겉과 겉끼리 마주 대고 완성선에 맞추어 박음질한다.
안칼라 쪽에서 박음질한다.

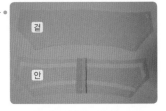

겉

안

칼라에 접착 심지와 식서테이프를 부착한 모양

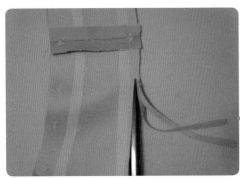

2 시접을 0.5cm 남기고 가위로 자른다.

깔끔하게 정리된 칼라

3 깔끔하게 정리된 시접을 안칼라 쪽으로 스팀을 주면서 다림질한다.

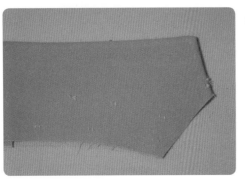

4 다림질한 후 뒤집은 모양이다.

8 칼라를 몸판에 달기

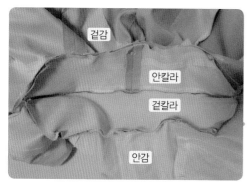

겉감
안칼라
겉칼라
안감

1 겉칼라는 안감에, 안칼라는 겉감에 맞춰 핀으로 고정한 후 각각 박음질한다.

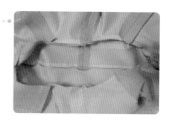

칼라를 달기 힘들어하는 분들은 핀으로 고정한 칼라를 시침질하여 고정해 준다.
24쪽 시침질 방법 참고

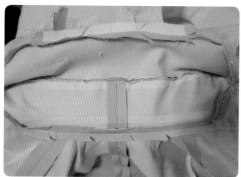

2 칼라 시접이 잘 꺾이도록 하기 위해 시접에 가위집을 준 후 가름솔로 다림질한다.

3 가름솔로 다림질한 시접을 몸판과 안감을 마주 보게 놓은 후 핀으로 고정한다.

4 재봉실로 고정한다.
겉칼라와 안칼라가 서로 분리되는 것을 방지하기 위해서 시침질하는 것이다.

재봉실

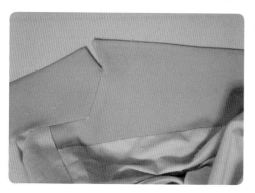

5 칼라를 단 모양이다.

9 몸판과 안감 밑단 정리하기

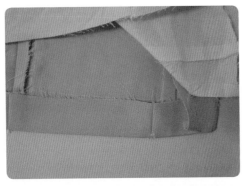

1 겉감 밑단을 완성선에 맞추어 다림질한다.

2 겉감 밑단에 바이어스테이프를 올려놓고 노루발 반 발 0.5cm 간격으로 박음질한다.
폭 3.5cm 바이어스테이프를 준비한다 (소재에 따라 폭 사이즈는 달라진다).

• 바이어스테이프 연결 방법

30쪽 바이어스테이프 만들기 방법 참고
32쪽 파이핑 가름솔 방법 참고

3 바이어스테이프로 시접을 감싸 테이프 끝에서 0.1cm 떨어진 위치를 박음질한다.

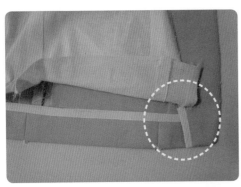

4 안단도 바이어스테이프로 처리한다.

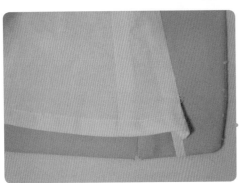

5 안감은 겉감 완성선에서 1~1.5cm 올라간 선에 맞추어 말아박기 박음질한다.

• 말아박기 순서
❶ 완성선을 다림질한다.
❷ 다림질한 선의 절반을 접어 박음질한다.

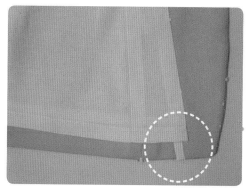

6 앞안단 밑단에서 3cm 안 박힌 부분도 박음질한다. 박음질한 후 안단을 감침질한다.

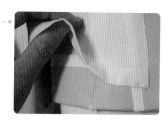

25쪽 감침질 방법 참고

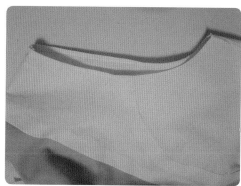

7 소매 안감을 말아박기 박음질한다.

소매 안감 박음질한 확대 모양

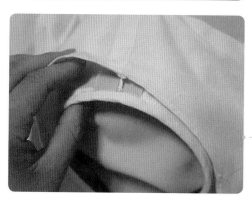

8 소매 겉감과 안감을 실루프로 연결하여 고정한다.
실루프의 길이는 약 2cm

27쪽 실루프 방법 참고

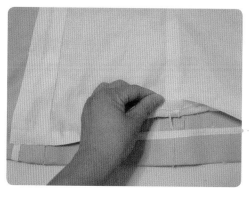

9 밑단을 접어 공그르기한 후 겉감과 안감을 실루프로 연결하여 고정한다.
실루프의 길이는 약 3~4cm

26쪽 공그르기 방법 참고
27쪽 실루프 방법 참고

29쪽 입술 단춧구멍 방법 참고

10 입술 단춧구멍을 만들고 단추 달기

앞면

옆면

뒷면

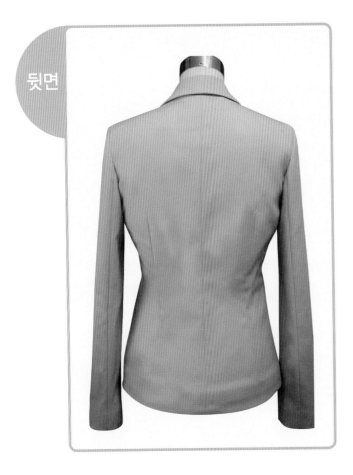

1 시험 시간

표준 시간 : 7시간 정도, 연장 시간 : 없음

2 요구 사항

※ 지급된 재료로 디자인과 같이 **스탠드 칼라 랜턴 소매 재킷**을 제작하시오.

① 제시된 디자인과 동일한 작품을 적용 치수에 맞게 제도, 재단하여 의복을 제작하시오.

　(지급받은 원단의 겉면과 안면(표면과 이면)은 수험자가 판단하여 작업하시오.)

② 제시된 디자인과 동일한 패턴 2부를 제도하여 1부는 재단에 사용하고, 다른 1부는 제작한 작품과 함께 채점용으로 제출하시오.

　(제출용 패턴 제도에는 기초선과 제도에 필요한 부호와 약자를 표시하며, 패턴지는 자르지 않고 제출합니다.)

③ 패턴 제도와 재단 시 먹지, 룰렛과 칼은 사용하지 마시오.

④ 완성 치수는 문제에 제시된 치수로 제작하고, 제시되지 않은 치수는 디자인에 맞게 제작하시오.

　가슴둘레, 허리둘레, 엉덩이둘레, 앞너비, 앞길이, 유장, 등너비, 등길이, 상의길이, 어깨너비, 소매길이, 소매밑단둘레

3 도면

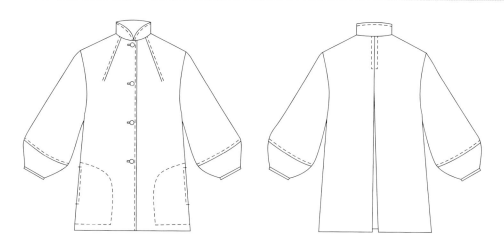

적용 치수

가슴둘레 : 86cm
허리둘레 : 68cm
엉덩이둘레 : 92cm
엉덩이길이 : 18cm
등길이 : 38cm
앞길이 : 40.5cm
등품 : 35cm
앞품 : 33cm
어깨너비 : 38cm
유장 : 24cm
소매길이 : 44cm
재킷길이(상의장) : 59cm

지시 사항

• 안단은 앞판에만 넣고 안감은 몸판에만 제작하시오.
• 안감은 몸판에만 넣고 진동둘레는 안감으로 싸서 박으시오.
• 칼라는 스탠드 칼라로 앞중심선까지 다시오.
• 주머니는 인심포켓(25cm)으로 사용할 수 있게 하고, 주머니감 형태로 디자인과 같이 장식 스티치(입구 길이 12cm)하시오.
• 소매 솔기는 시접을 박아 가름솔하시오.
• 랜턴 소매길이는 10cm, 소맷부리는 바이어스로 싸서 박으시오.
• 단춧구멍은 2.5cm로 하고, 첫 단춧구멍만 입술 단춧구멍으로 하고 단추는 모두 다시오.
• 밑단 시접은 바이어스처리 공그르기, 안감 밑단 시접은 접어 박으시오.
• 뒤판 맞주름 분량은 10cm로 하시오.
• 장식 박음은 0.5cm 간격으로 하시오.

※ 매 시험마다 적용 치수와 지시 사항은 다르게 출제될 수 있다.

비번호		성명	

도식화 (앞)　　　　　　　　　　　　(뒤)

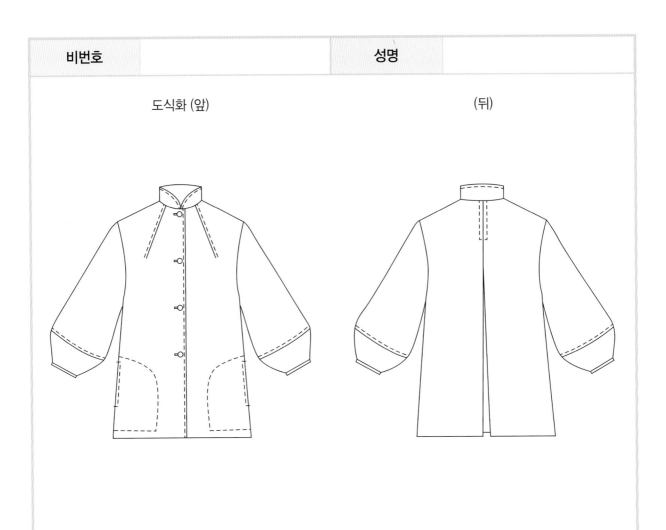

봉제 시 유의사항

- 겉감, 안감 식서 방향에 주의하시오.
- 심지는 밀리지 않도록 다림질에 유의하시오.
- 뒤판 맞주름 분량은 10cm로 하시오.
- 장식 스티치는 전체 0.5cm로 하시오.
- 칼라는 스탠드 칼라로 앞 중심까지 다시오.
- 안감 밑단은 접어박기하시오.
- 소매진동 시접 처리는 바이어스 처리하시오.
- 랜턴 소매길이는 10cm, 소맷부리는 바이어스로 처리하시오.
- size 절대 준수

원 · 부자재 소요량

자재명	규격	단위	소요량
겉감	110cm	cm	210
안감	110cm	cm	210
심지	110cm	cm	100
재봉실	60s/3합	com	1
다대 테이프	10mm	cm	150
단추	20mm	EA	4

※ 매 시험마다 적용치수가 다를 수 있으니 시험지에 있는 지시사항과 원·부자재 규격, 소요량을 잘 쓰고, 각각 5개 이상 맞으면 주어진 배점으로 만점으로 인정됩니다.

※ 작업 지시서 작성은 반드시 흑색 또는 청색 필기구를 사용하여야 합니다(연필로 작성하면 무효 처리).

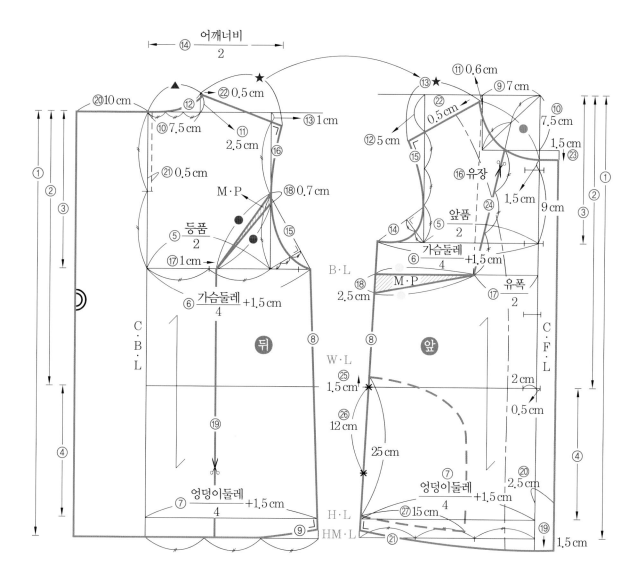

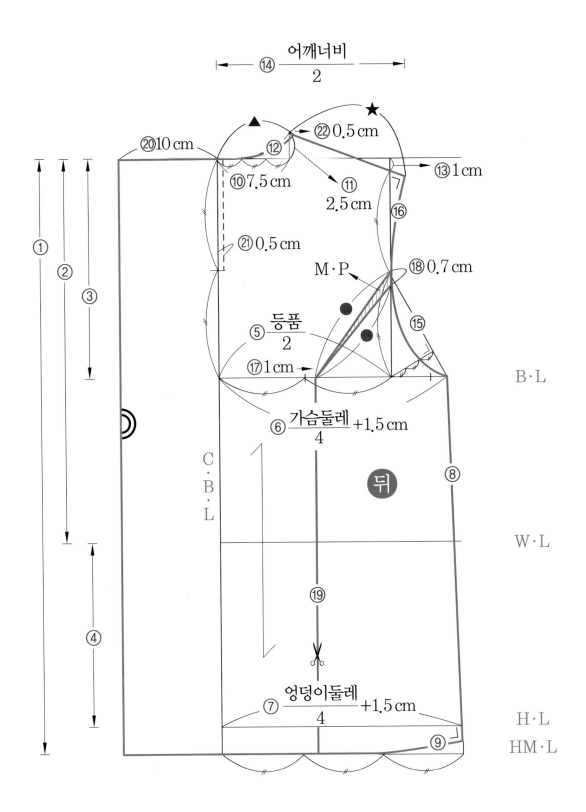

어깨너비
2

⑭

⑳10 cm

▲

⑫

㉒0.5 cm

★

⑩7.5 cm

⑪

⑬1 cm

2.5 cm

㉑0.5 cm

⑯

M·P

⑱0.7 cm

⑤ 등품
2

⑮

⑰1 cm

B·L

⑥ 가슴둘레
4 +1.5 cm

C
·
B
·
L

뒤

⑧

W·L

⑲

⑦ 엉덩이둘레
4 +1.5 cm

H·L
HM·L

⑨

① 재킷길이 : 59cm

② 등길이 : 38cm

③ 진동 깊이 : $\dfrac{가슴둘레}{4}$+1cm

④ 엉덩이길이 : 18cm

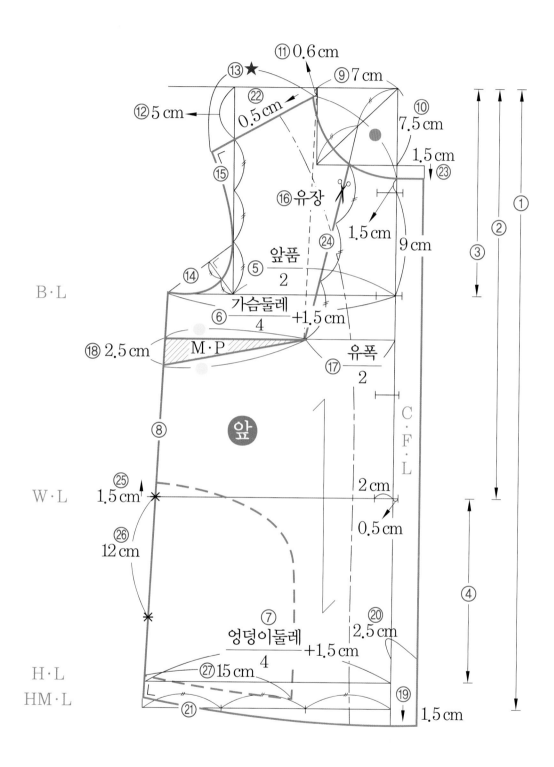

① 재킷길이 : 59cm+2.5cm

② 앞길이 : 40.5cm

③ 진동 깊이 : $\dfrac{가슴둘레}{4}$+1cm

④ 엉덩이길이 : 18cm

⑬ 뒤어깨선 치수를 재어 앞어깨선을 그린다.

⑰ 유폭은 18cm이므로, $\dfrac{유폭}{2}$ (9cm)로 적용한다.

⑱ 앞길이−등길이

⑳ 여밈분

상의 ② 칼라(Collar) 설계도

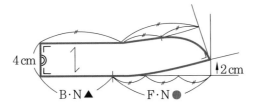

상의 ② 랜턴 소매(Lantern Sleeve) 설계도

**적용
치수**　소매길이 : 44cm

＊55사이즈를 기준으로 했을 때 : 소매밑단너비 24cm

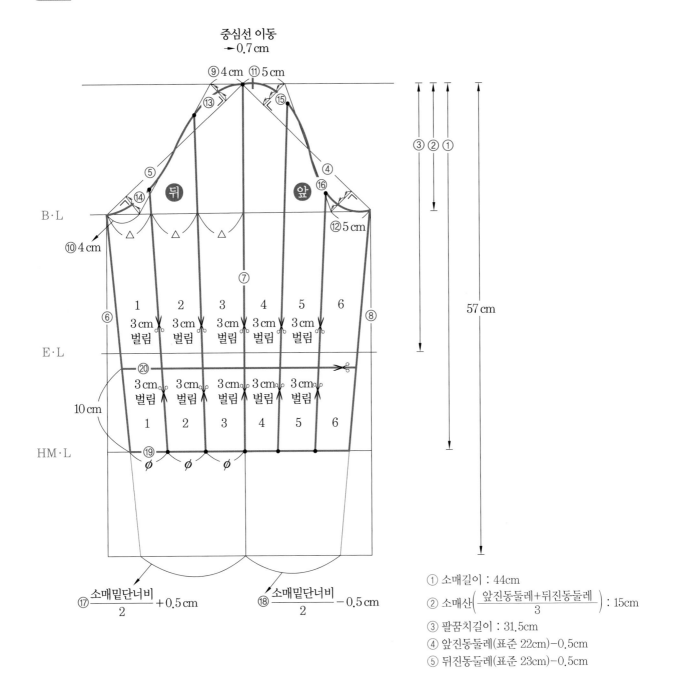

중심선 이동
← 0.7cm

① 소매길이 : 44cm

② 소매산$\left(\dfrac{앞진동둘레+뒤진동둘레}{3} \right)$: 15cm

③ 팔꿈치길이 : 31.5cm

④ 앞진동둘레(표준 22cm)−0.5cm

⑤ 뒤진동둘레(표준 23cm)−0.5cm

⑰ $\dfrac{소매밑단너비}{2}$ +0.5cm

⑱ $\dfrac{소매밑단너비}{2}$ −0.5cm

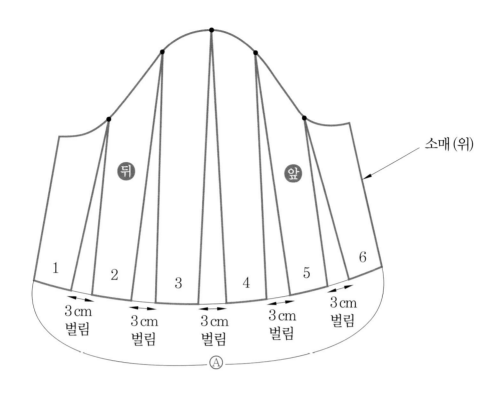

소매 (위)

뒤

앞

1 2 3 4 5 6

3 cm
벌림

3 cm
벌림

3 cm
벌림

3 cm
벌림

3 cm
벌림

Ⓐ

Ⓑ

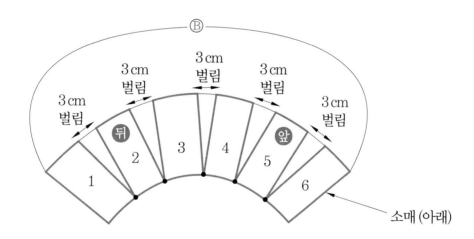

3 cm
벌림

3 cm
벌림

3 cm
벌림

3 cm
벌림

3 cm
벌림

뒤

앞

1 2 3 4 5 6

소매 (아래)

① 위아래 소매를 6등분하여 종이 위에 올려놓고 각각 3cm씩 벌려 준다.
② 풀로 고정한다.
③ 곡선 자를 이용하여 자연스럽게 선을 그린다.
④ Ⓐ와 Ⓑ의 길이가 동일해야 한다.

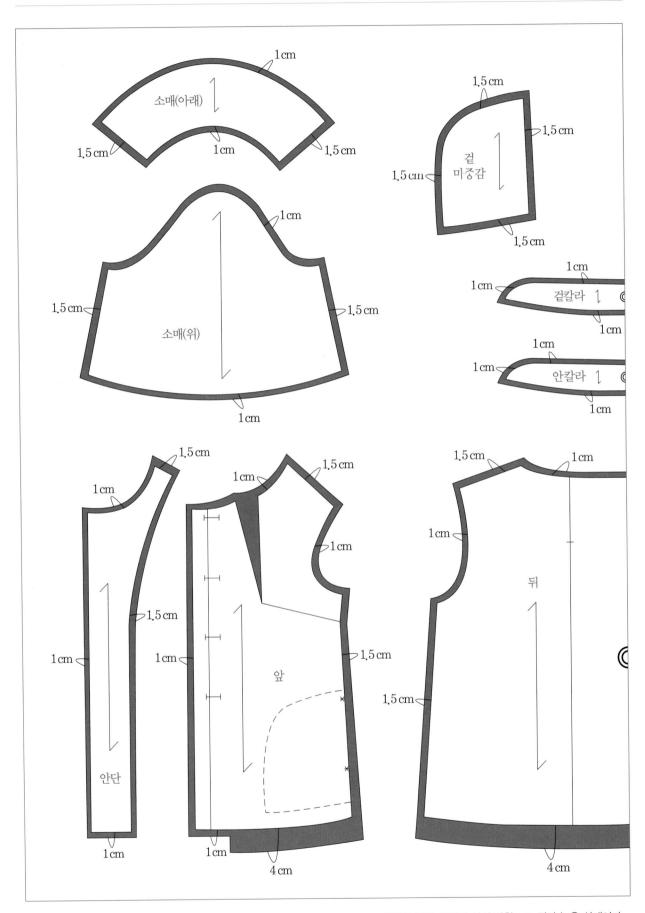

※ 원단의 겉과 겉끼리 식서 방향으로 접어 놓은 상태이다.

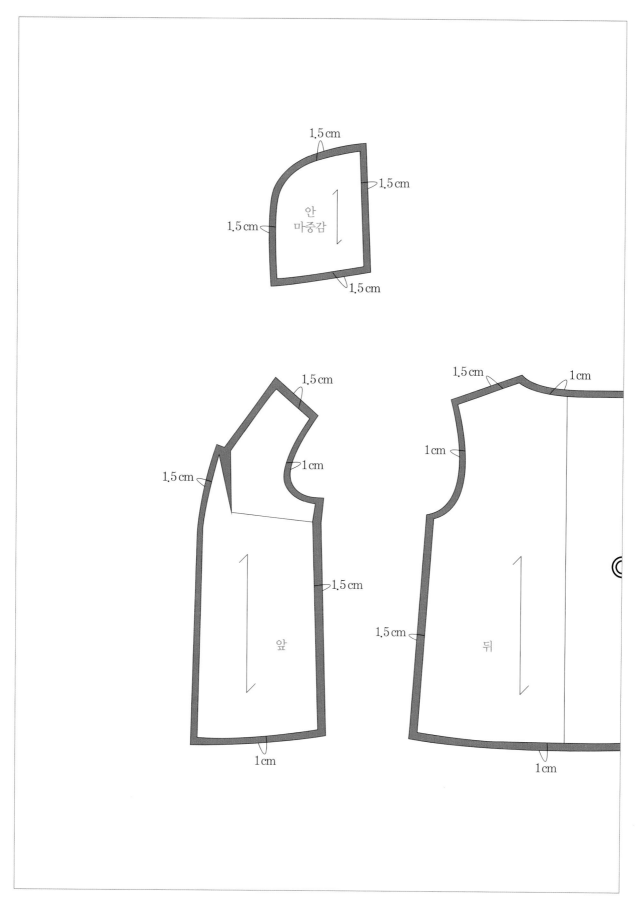

※ 원단의 겉과 겉끼리 식서 방향으로 접어 놓은 상태이다.

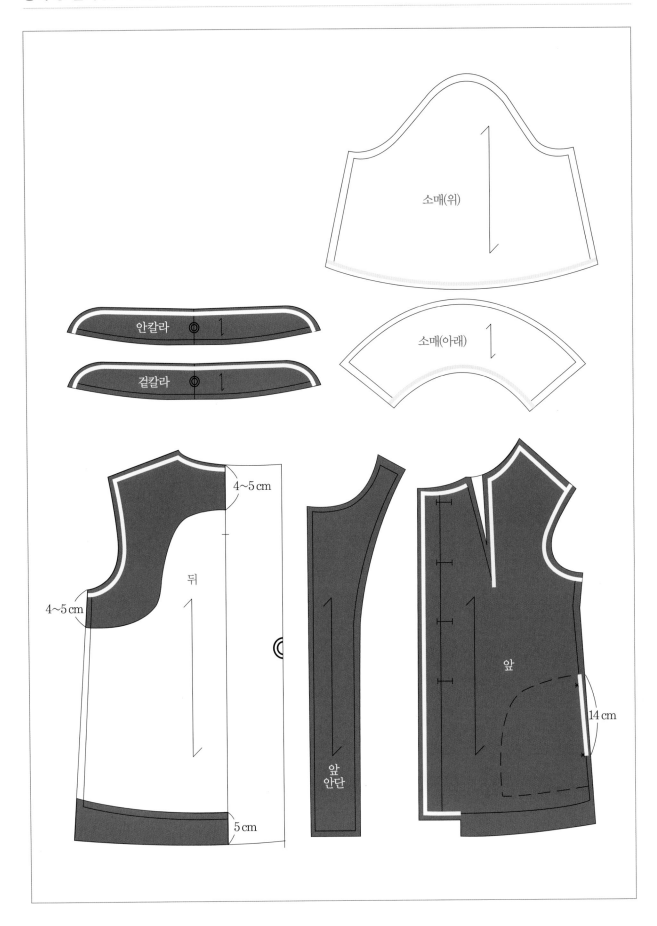

1 앞판 만들기

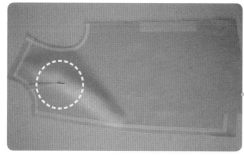

1 앞판의 다트를 박음질한 후 시접을 옆 선 쪽으로 다림질한다.

다트 끝부분은 실로 매듭을 지어 풀리지 않도록 세 번 묶어 준다.

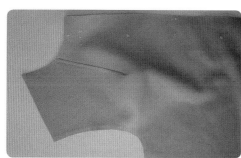

2 앞판 겉면에서 아웃 스티치를 한다.
장식 스티치는 전체 0.5cm로 박음질 한다.

2 뒤판 만들기

뒤중심선 확대 모양

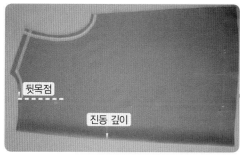

뒷목점

진동 깊이

1 뒷목점에서 진동 깊이까지 길이에서 2 등분 지점까지 박음질한다.
뒤중심선이다.

암홀 테이프 붙이기

2 맞주름 분량은 10cm로 잘 정리하여 다 림질한다.

주의 사항 다리미를 밀지 말고 스팀을 주면서 고르게 접착한다.
※ 암홀 부위에는 암홀 전용 심지 테이프를 부착하면 소매가 예쁘게 달린다.
22쪽 심지 참고

3 뒤판 겉면에서 아웃 스티치를 한다.
장식 스티치는 전체 0.5cm로 박음질 한다.

확대 모양

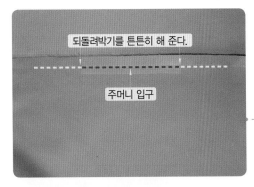

되돌려박기를 튼튼히 해 준다.

주머니 입구

4 앞판, 뒤판의 겉과 겉끼리 옆선을 박음
질한다.
 • 앞판 주머니 입구에 심지를 붙인다.
 • 주머니 입구는 큰 땀수로 박음질한다.

앞판, 뒤판을 겉과 겉끼리 마주 보
게 한다.

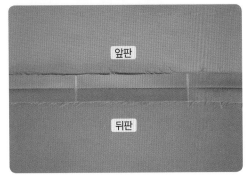

앞판

뒤판

5 박음질한 후 가름솔로 다림질하고 옆선
에 주머니 위치를 표시한다.

③ 앞판 옆선 주머니 만들기

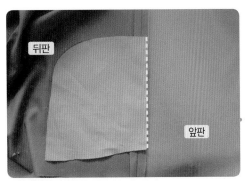

뒤판

앞판

1 주머니 안감을 앞판 주머니 위치에 올
려놓고 핀으로 고정한 뒤 박음질한다.

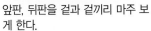
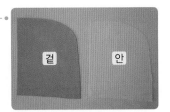

겉　　안

왼쪽 : 주머니 겉감 1장
오른쪽 : 주머니 안감 1장
※ 한쪽 기준이다.

앞판

뒤판

2 주머니 안감을 박음질한 후 앞판, 뒤판
을 겹쳐 놓고 시접에 주머니 안감을 다
시 한 번 0.2cm로 박음질한다.

확대 모양

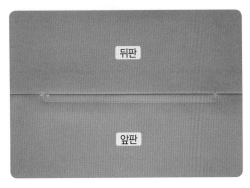

뒤판

앞판

3 앞판 겉면에서 아웃 스티치를 한다.
장식 스티치는 전체 0.5cm로 박음질
한다.

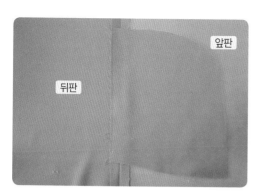

4 뒤판 시접에 주머니 겉감을 주머니 안 감에 맞추어 올려놓는다.

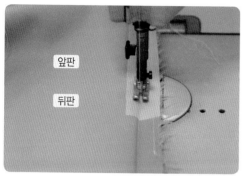

5 앞판, 뒤판을 겹쳐 놓고 시접에 주머니 겉감을 박음질한다.

6 주머니 겉감과 주머니 안감을 겉면에 서 주머니 모양에 따라 함께 박음질 한다.

주머니 입구 모양
※ 주머니 입구는 조심해서 뜯는다.

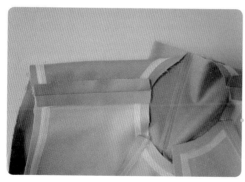

7 앞판, 뒤판의 어깨선을 박음질한 후 우 마에 올려놓고 가름솔로 다림질한다.

우마

4 소매 만들기

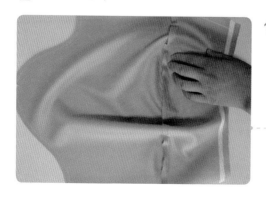

1 위소매, 아래소매의 겉과 겉끼리 박음 질한 후 시접을 위로 올려놓고 다림질 한다.

2 시접을 위로 올려놓은 상태에서 겉면 에 장식 스티치 0.5cm로 박음질한다.

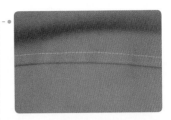

확대 모양

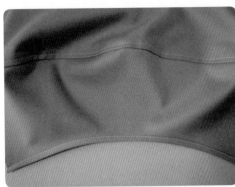

3 소매 밑단을 바이어스로 싸서 박음질 한다.

• 30쪽 바이어스테이프 만들기 방법 참고
32쪽 파이핑 가름솔 방법 참고

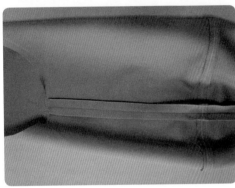

4 소매 옆선을 박음질한다. 가름솔로 다 림질한 후 시접을 접어박기한다.

• 31쪽 접어박기 가름솔 방법 참고

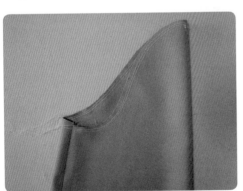

5 소매산 완성선에서 0.2~0.3cm 간격으 로 나란히 두 줄로 박음질한다.
• 미싱의 땀수를 큰 땀수로 돌려놓고 박 음질한다(실이 끊기지 않고 잘 당겨지 도록 하기 위해서이다).
• 시작과 끝은 되돌려박기를 하지 않고 실을 길게 남겨 둔다(잡아당기기 위해 서이다).

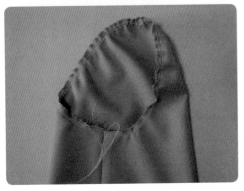

6 소매산 양쪽에서 두 올의 실을 잡아당 겨 암홀 라인 치수에 맞게 오그려 준다.

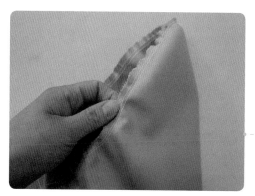

7 오그린 소매산을 소매 전용 데스망에 올려놓고 스팀을 주면서 다림질한다.
데스망 또는 우마 가장자리에 대고 스팀을 주면서 다림질한다.

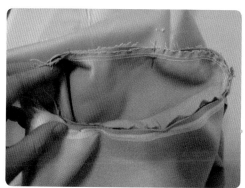

8 완성된 소매를 몸판과 함께 핀을 꽂아 움직이지 않게 고정해 준다.
소매 중심선을 맞추어 고정한다.

• 소매를 달기 힘들어하는 분들은 핀으로 고정한 소매를 시침질하여 고정해 준다.
24쪽 시침질 방법 참고

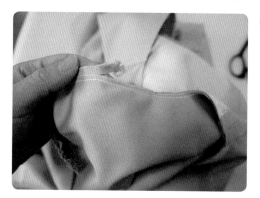

9 소매와 몸판을 박음질한 후 0.5cm를 남기고 가위로 자른다.

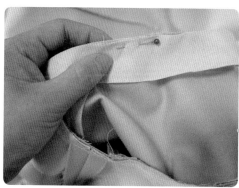

10 폭 3.5cm 바이어스테이프를 준비한다.
• 핀으로 꽂은 부위가 박음질할 부위이다.
• 소재에 따라 폭 사이즈는 달라진다.

• 바이어스테이프 연결 방법

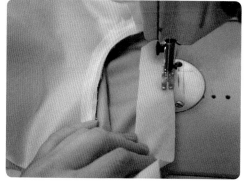

11 소매 안쪽에 바이어스테이프를 올려놓고 노루발 반 발 0.5cm 간격으로 박음질한다.

30쪽 바이어스테이프 만들기 방법 참고
32쪽 파이핑 가름솔 방법 참고

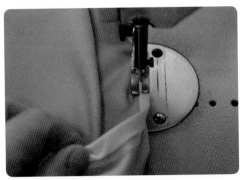

12 바이어스테이프로 시접을 감싸 아래는 접어 주고 테이프 끝에서 0.1cm 떨어진 위치에 박음질한다.

13 진동둘레에 바이어스테이프를 친 모양이다.

5 안감 만들기

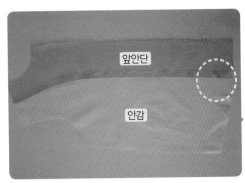

앞안단

안감

1 앞안단과 안감을 겉과 겉끼리 박음질한다. 앞안단 시접은 옆선 쪽으로 다림질한다. 암홀 프린세스는 앞안단 쪽으로 다림질한다.

이때 앞안단은 밑단에서 3cm 남기고 박음질한다.

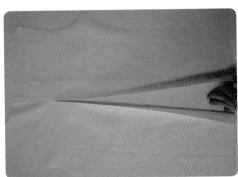

2 겉감과 같은 방법으로 맞주름 분량은 10cm로 잘 정리하여 다림질한다.

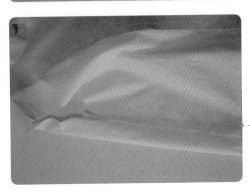

3 앞판, 뒤판을 겉과 겉끼리 놓고 옆선과 어깨를 박음질한 후 시접을 뒤판 쪽으로 다림질한다.
우마에 올려놓고 다림질한다.

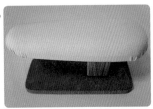

우마

6 겉감·안감 연결하기

1 완성된 겉감과 안감을 겉과 겉끼리 맞추어 놓는다.

2 박음질한 후 시접을 꺾어 다림질한다.
다림질한 후 뒤집어야 모양이 예쁘게 나온다.

3 다림질한 후 뒤집는다.

7 칼라 만들기

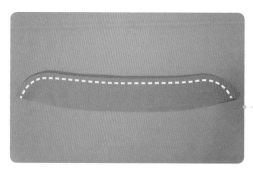

1 겉칼라와 안칼라의 겉과 겉끼리 마주 대고 완성선에 맞추어 박음질한다.

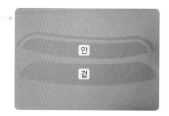

칼라에 접착 심지와
식서테이프를 부착한 모양

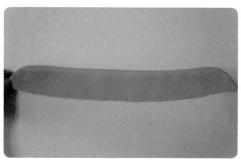

2 박음질한 후 뒤집는다.

⑧ 칼라를 몸판에 달기

안감
안칼라
겉칼라
겉감

1 겉칼라는 겉감에, 안칼라는 안감에 맞춰 핀으로 고정한 후 각각 박음질한다.

2 가름솔로 다림질한다.

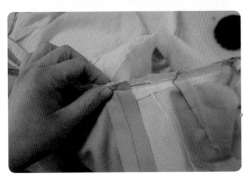

3 가름솔로 다림질한 시접을 몸판과 안감을 마주 보게 놓은 후 재봉실로 고정한다.
겉칼라와 안칼라가 서로 분리되는 것을 방지하기 위해서 시침질하는 것이다.

재봉실

⑨ 몸판과 안감 밑단 정리하기

1 겉감 밑단을 완성선에 맞추어 다림질한다.

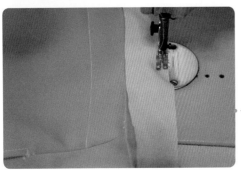

2 소매 겉감 밑단에 바이어스테이프를 올려놓고 노루발 반 발 0.5cm 간격으로 박음질한다.
폭 3.5cm 바이어스테이프를 준비한다 (소재에 따라 폭 사이즈는 달라진다).

• 바이어스테이프 연결 방법

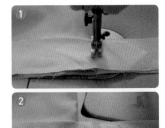

①

②

③

30쪽 바이어스테이프 만들기 방법 참고
32쪽 파이핑 가름솔 방법 참고

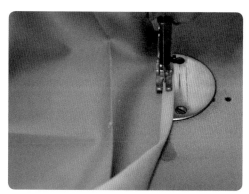

3 바이어스테이프로 시접을 감싸 테이프 끝에서 0.1cm 떨어진 위치를 박음질한다.

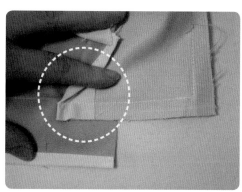

4 안단도 바이어스테이프로 처리한다.

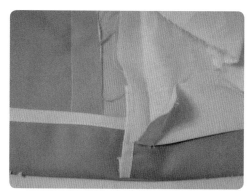

5 안감은 겉감 완성선에서 1~1.5cm 올라 간 선에 맞추어 다림질한다.

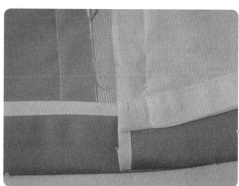

6 올라간 선에 맞추어 안감을 말아박기 박음질한다.

• 말아박기 순서
  ❶ 완성선을 다림질한다.
  ❷ 다림질한 선의 절반을 접어 박음질한다.

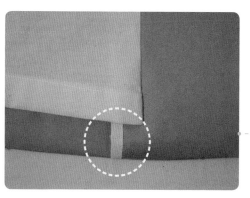

7 앞안단 밑단에서 3cm 안 박힌 부분도 박음질한다. 박음질한 후 안단을 감침질한다.

• 25쪽 감침질 방법 참고

8 소매 안감을 말아박기 박음질한다.

9 소매 겉감과 안감을 실루프로 연결하여 고정한다.
실루프의 길이는 약 2cm

● 27쪽 실루프 방법 참고

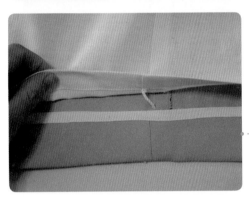

10 밑단을 접어 공그르기한 후 겉감과 안감을 실루프로 연결하여 고정한다.
실루프의 길이는 약 3~4cm

● 26쪽 공그르기 방법 참고
27쪽 실루프 방법 참고

11 전체 장식 스티치 0.5cm로 박음질한다.

● 29쪽 입술 단춧구멍 방법 참고

10 단춧구멍 만들기

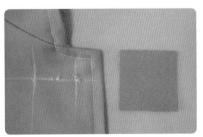

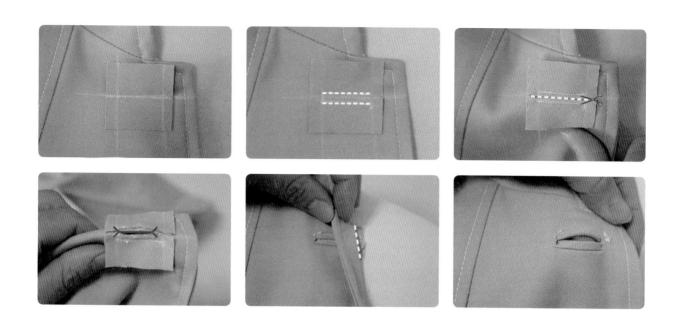

앞면

옆면

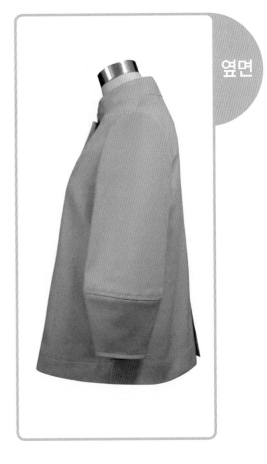

뒷면

1 시험 시간

표준 시간 : 7시간 정도, 연장 시간 : 없음

2 요구 사항

※ 지급된 재료로 디자인과 같이 **숄 칼라 재킷**을 제작하시오.

① 제시된 디자인과 동일한 작품을 적용 치수에 맞게 제도, 재단하여 의복을 제작하시오.

　(지급받은 원단의 겉면과 안면(표면과 이면)은 수험자가 판단하여 작업하시오.)

② 제시된 디자인과 동일한 패턴 2부를 제도하여 1부는 재단에 사용하고, 다른 1부는 제작한 작품과 함께 채점용으로 제출하시오.

　(제출용 패턴 제도에는 기초선과 제도에 필요한 부호와 약자를 표시하며, 패턴지는 자르지 않고 제출합니다.)

③ 패턴 제도와 재단 시 먹지, 룰렛과 칼은 사용하지 마시오.

④ 완성 치수는 문제에 제시된 치수로 제작하고, 제시되지 않은 치수는 디자인에 맞게 제작하시오.

　가슴둘레, 허리둘레, 엉덩이둘레, 앞너비, 앞길이, 유장, 등너비, 등길이, 상의길이, 어깨너비, 소매길이, 소매밑단둘레

3 도면

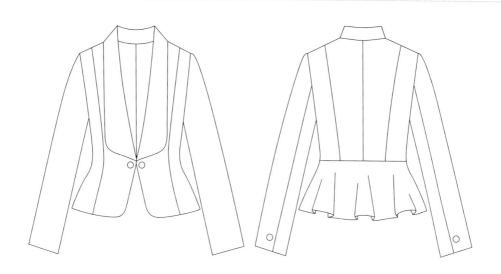

적용 치수

가슴둘레 : 86cm	유장 : 24cm
허리둘레 : 68cm	소매길이 : 57cm
엉덩이둘레 : 92cm	소매밑단너비 : 24cm
엉덩이길이 : 18cm	재킷길이(상의장) : 55cm
등길이 : 38cm	
앞길이 : 40.5cm	
등품 : 35cm	
앞품 : 33cm	
어깨너비 : 38cm	

지시 사항

- 칼라는 숄 칼라를 하고 앞 여밈분 없이 제작하시오.
- 숄 칼라 안단 중심은 골로 제작하시오.
- 안단은 앞판에만 만들고, 안감은 몸판에만 넣고 뒤판 페플럼에는 안감을 넣지 마시오(소매 안감을 넣을 경우 112쪽 참고).
- 옆선 시접 가름솔, 안감 없는 페플럼 옆선의 시접은 접어박음질하시오.
- 소매는 두 장 소매로 트임 없이 하시오.
- 소매 시접은 접어박으시오.
- 소매 끝은 바이어스 후 공그르기하시오.
- 앞여밈에는 걸고리, 장식 단추를 좌우에 다시오.

※ 매 시험마다 적용 치수와 지시 사항은 다르게 출제될 수 있다.

비번호		성명	

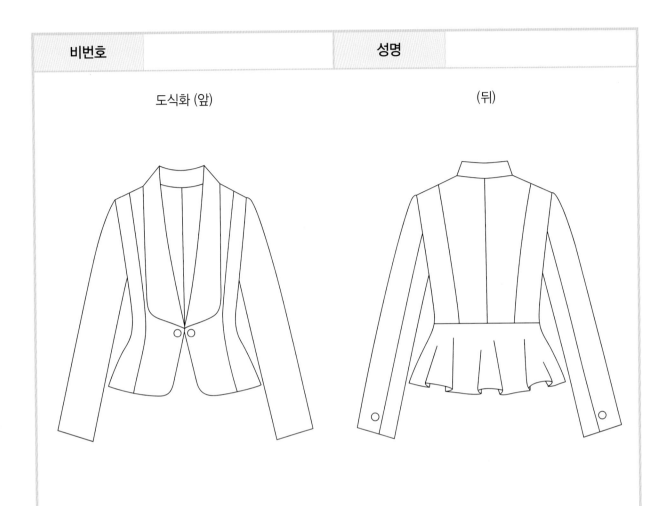

도식화 (앞)　　　　　　　　　　　　　(뒤)

봉제 시 유의사항

- 겉감, 안감 식서 방향에 주의하시오.
- 심지는 밀리지 않도록 다림질에 유의하시오.
- 칼라는 숄 칼라로 하고 앞 여밈분 없이 제작하시오.
- 소매는 두 장 소매로 트임 없이 하시오.
- 소맷부리는 바이어스로 처리하여 공그르기하시오.
- 앞여밈에는 걸고리를 하고 장식 단추를 좌우에 다시오.
- size 절대 준수

원 · 부자재 소요량

자재명	규격	단위	소요량
겉감	110cm	cm	210
안감	110cm	cm	210
심지	110cm	cm	100
재봉실	60s/3합	com	1
다대 테이프	10mm	cm	150
단추	20mm	EA	2
단추	12mm	EA	2
걸고리		쌍	1

※ 매 시험마다 적용치수가 다를 수 있으니 시험지에 있는 지시사항과 원·부자재 규격, 소요량을 잘 쓰고, 각각 5개 이상 맞으면 주어진 배점에 만점으로 인정됩니다.

※ 작업 지시서 작성은 반드시 흑색 또는 청색 필기구를 사용하여야 합니다(연필로 작성하면 무효 처리).

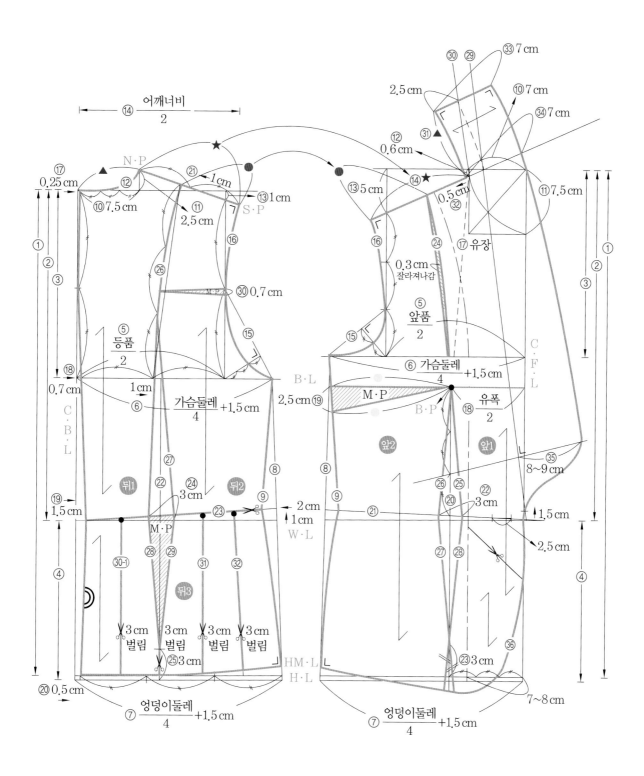

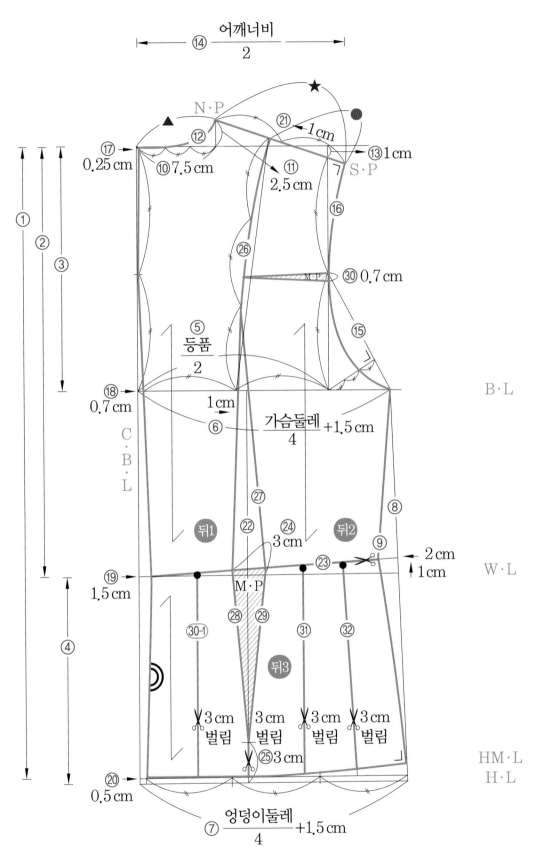

① 재킷길이 : 55cm   ③ 진동 깊이 : $\dfrac{\text{가슴둘레}}{4}$ +1cm

② 등길이 : 38cm   ④ 엉덩이길이 : 18cm

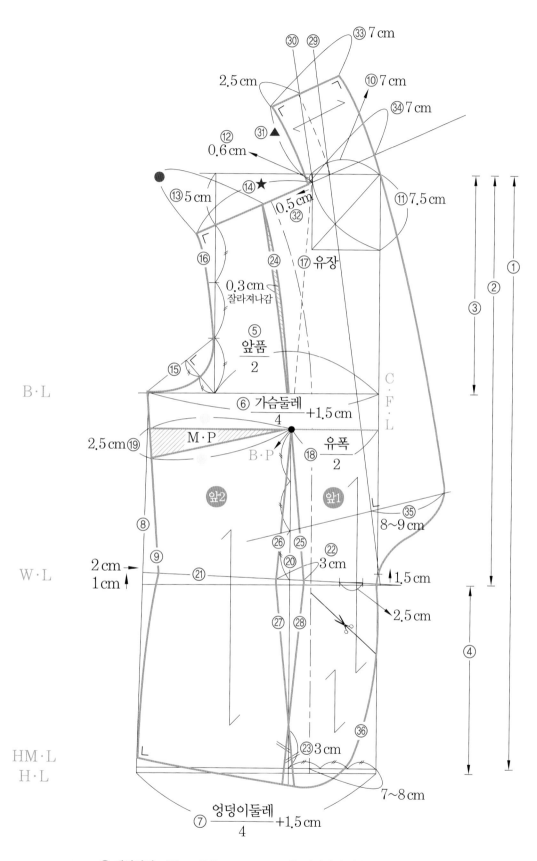

③③ 7 cm
⑩ 7 cm
2.5 cm
③④ 7 cm
⑫ 0.6 cm
③①▲
③⑬ 5 cm
⑭★
⑪ 7.5 cm
0.5 cm
③②
⑯
⑭
⑰ 유장
0.3 cm 잘라져나감
⑤ 앞품/2
⑮
B·L
⑥ 가슴둘레/4 +1.5 cm
C·F·L
2.5 cm ⑲ M·P
B·P
⑱ 유폭/2
앞2
앞1
⑧
⑧~9 cm
⑨
⑨
W·L
2 cm →
1 cm ↑
②①
②⑥ ②⑤
②② 3 cm
②⓪
1.5 cm
②⑦ ②⑧
2.5 cm
④
HM·L
H·L
②③ 3 cm
③⑥
7~8 cm
⑦ 엉덩이둘레/4 +1.5 cm

① 재킷길이 : 55cm+2.5cm
② 앞길이 : 40.5cm
③ 진동 깊이 : $\dfrac{가슴둘레}{4}$+1cm
④ 엉덩이길이 : 18cm

⑭ 뒤어깨선 치수를 재어 앞어깨선을 그린다.
⑱ 유폭은 18cm이므로, $\dfrac{유폭}{2}$ (9cm)으로 적용한다.
⑲ 앞길이−등길이
③① 뒷목둘레

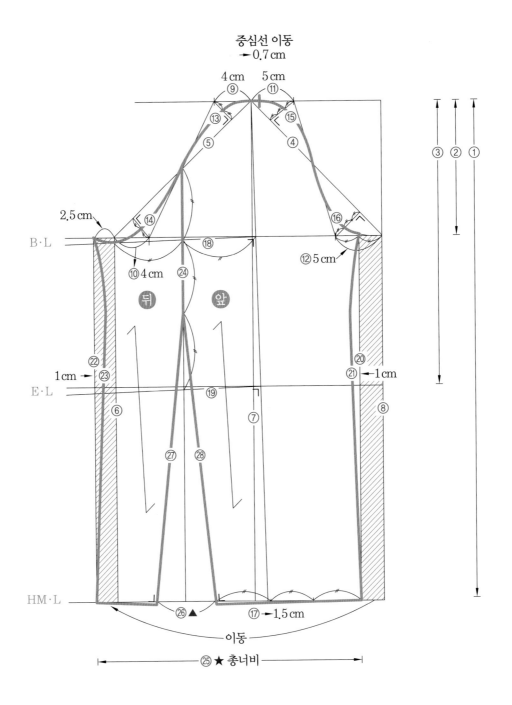

적용
치수

소매길이 : 57cm
소매밑단너비(소맷부리) : 24cm

① 소매길이 : 57cm

② 소매산 $\left(\dfrac{앞진동둘레+뒤진동둘레}{3}\right)$: 15cm

③ 팔꿈치길이 $\left(\dfrac{소매길이}{2}+3cm\right)$: 31.5cm

④ 앞진동둘레(표준 22cm)−0.5cm

⑤ 뒤진동둘레(표준 23cm)−0.5cm

㉕ ★총너비 : 대략 31cm

㉖ ★31cm(총너비)−24cm(소매밑단너비) : ▲7cm

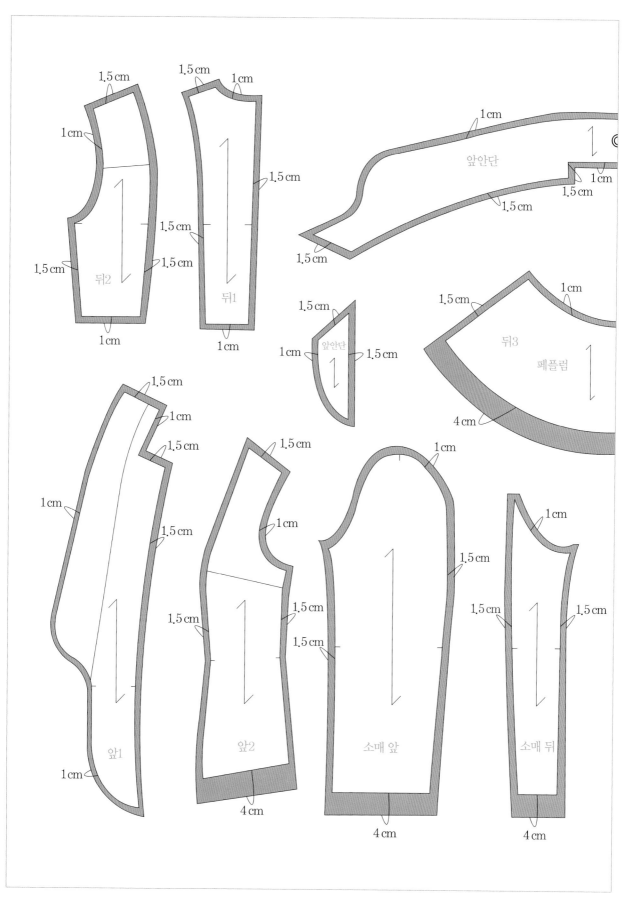

※ 원단의 겉과 겉끼리 식서 방향으로 접어 놓은 상태이다.

상의 ③ 페플럼(Peplum) 전개도

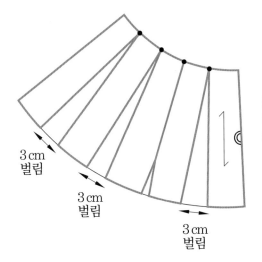

① 패턴을 종이 위에 올려놓고 각각 3cm씩 벌려 준다.
② 풀로 고정한다.
③ 곡선 자를 이용하여 자연스럽게 선을 그린다.

3 cm
벌림

3 cm
벌림

3 cm
벌림

상의 ③ 패턴 배치도 및 시접(안감)

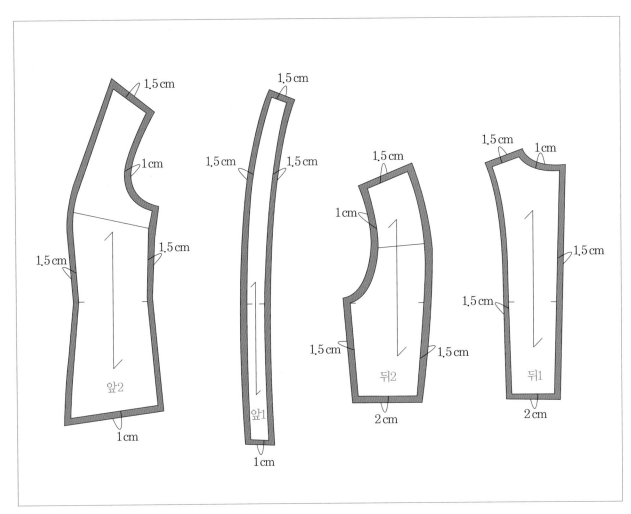

※ 원단의 겉과 겉끼리 식서 방향으로 접어 놓은 상태이다.

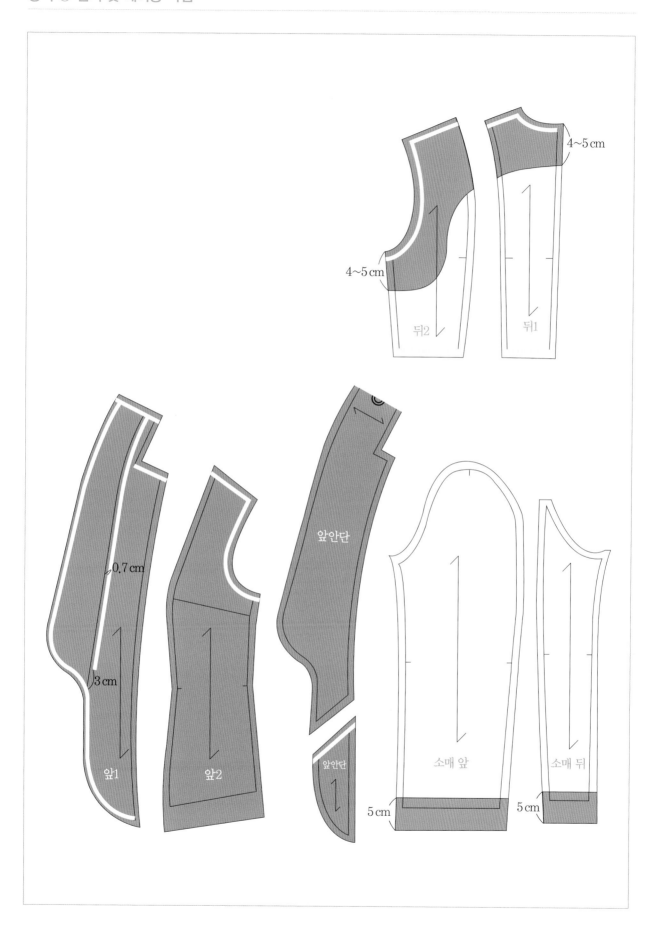

1 앞판 만들기

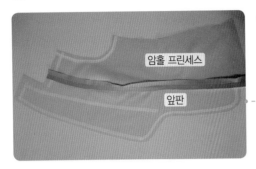

1 앞판과 암홀 프린세스를 박음질한 후 가름솔로 다림질한다.

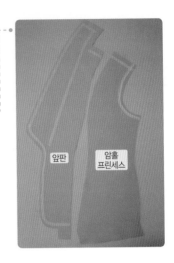

2 뒤판 만들기

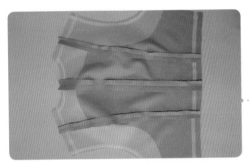

1 뒤중심선과 뒤옆판을 박음질한 후 가름솔로 다림질한다.

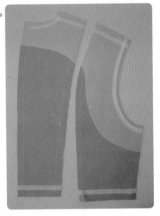

뒤판

2 뒤몸판과 페플럼을 박음질한 후 시접을 위로 다림질한다.

3 앞판, 뒤판의 겉과 겉끼리 옆선을 박음질한 후 가름솔로 다림질한다.
재킷의 라인을 생각하면서 약간 늘리면서 다림질한다.

암홀 테이프 붙이기

 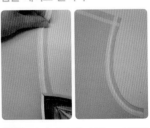

4 칼라를 박음질한 후 가름솔로 다림질한다.

주의 사항 다리미를 밀지 말고 스팀을 주면서 고르게 접착한다.

※ 암홀 부위에는 암홀 전용 심지 테이프를 부착하면 소매가 예쁘게 달린다.
22쪽 심지 참고

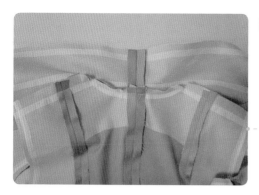

5 박음질되어 있는 칼라와 뒷목둘레를 핀으로 고정한 뒤 박음질한다.

핀으로 고정하여 박음질하기가 힘든 분들은 시침질하여 고정한 뒤 박음질한다.
24쪽 시침질 방법 참고

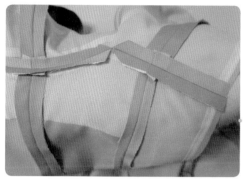

6 우마에 올려놓고 가름솔로 다림질한다.

우마

③ 소매 만들기

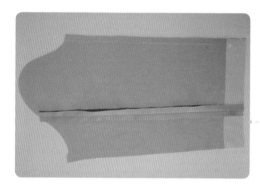

1 큰 소매와 작은 소매의 안솔기선을 박음질한 후 가름솔로 다림질한다.

작은 소매   큰 소매

2 큰 소매와 작은 소매의 옆선을 박음질한 후 가름솔로 다림질한다.

3 가름솔한 소매 시접을 접어박기한다.
소매에 안감이 달릴 경우에는 소매 시접을 접어박기하지 않는다.

확대 모양
31쪽 접어박기 가름솔 방법 참고

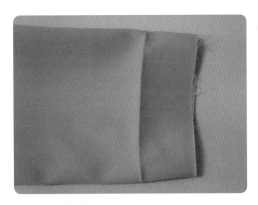

4 소매 밑단을 완성선에 맞추어 다림질한다.

폭 3.5cm 바이어스테이프를 준비한다(소재에 따라 폭 사이즈는 달라진다).

• 바이어스테이프 연결 방법

30쪽 바이어스테이프 만들기 방법 참고
32쪽 파이핑 가름솔 방법 참고

5 소매 겉감 밑단에 바이어스테이프를 올려 놓고 노루발 반 발 0.5cm 간격으로 박음질 한다.

폭 3.5cm 바이어스테이프를 준비한다(소재에 따라 폭 싸이즈는 달라진다).

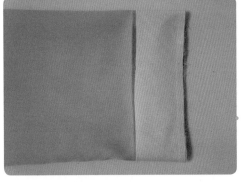

6 바이어스테이프로 시접을 감싸 테이프 끝에서 0.1cm 떨어진 위치를 박음질한다.

• 소매산 만드는 방법

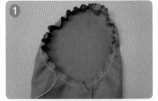

7 소맷단을 접어 공그르기한다.

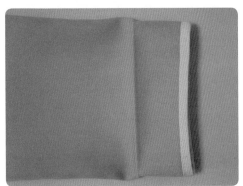
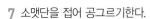

❶ 소매산 양쪽에서 두 올의 실을 잡아 당겨 암홀 라인 치수에 맞게 오그려 준다.

❷ 오그린 소매산을 소매 전용 데스망에 올려놓고 스팀을 주면서 다림질한다.

데스망 또는 우마 가장자리에 대고 스팀을 주면서 다림질한다.

데스망   우마

8 소매산 완성선에서 0.2~0.3cm 간격으로 나란히 두 줄로 박음질한다.

• 미싱의 땀수를 큰 땀수로 돌려놓고 박음질한다(실이 끊기지 않고 잘 당겨지도록 하기 위해서이다).

• 시작과 끝은 되돌려박기를 하지 않고 실을 길게 남겨 둔다(잡아당기기 위해서이다).

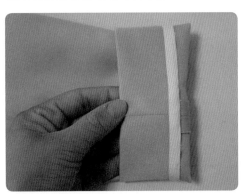

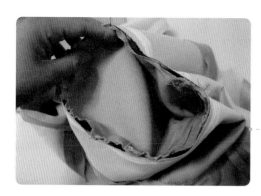

9 완성된 소매를 몸판과 함께 핀을 꽂아 움직이지 않게 고정해 준다.

• 소매를 달기 힘들어하는 분들은 핀으로 고정한 소매를 시침질하여 고정해 준다.
24쪽 시침질 방법 참고

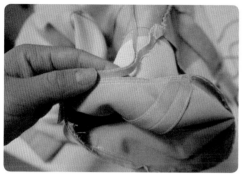

10 소매와 몸판을 박음질한 후 0.5cm를 남기고 가위로 자른다.

• 바이어스테이프 연결 방법

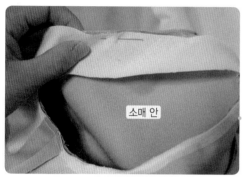

11 소매 안쪽에 바이어스테이프를 올려 놓고 노루발 반 발 0.5cm 간격으로 박음질한다.
핀으로 꽂은 부위가 박음질하는 부위이다.

소매 안

30쪽 바이어스테이프 만들기 방법 참고
32쪽 파이핑 가름솔 방법 참고

12 바이어스테이프로 시접을 감싸 아래는 접어 주고 테이프 끝에서 0.1cm 떨어진 위치에 박음질한다.

4 안감 만들기

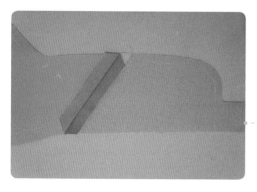

1 앞안단을 박음질한 후 가름솔로 다림질한다.
안단은 골로 되어 있다.

앞안단

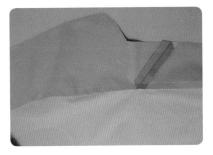

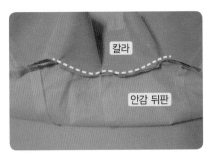

2 앞안단과 안감을 겉과 겉끼리 박음질 한다.
앞안단 시접은 옆선 쪽으로 다림질 한다.

3 뒤중심을 박음질한 후 시접은 왼쪽으로 다림질한다. 프린세스 라인은 박음질한 후 뒤중심 쪽으로 다림질한다.
• 입었을 때 뒤중심 시접은 오른쪽으로 가야 한다.
• 허리선(W·L)은 말아박기 박음질한다.

4 골로 만들어진 칼라와 뒷목둘레를 박음질한다.

● **소매에 안감을 넣을 경우**　　*109쪽 **3~12**, 114쪽 **6~7**은 생략한다.

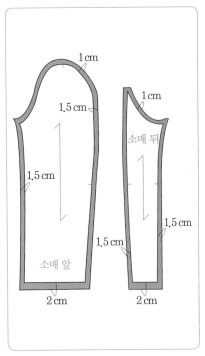

105쪽 (겉감 패턴 참고)

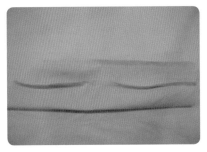

1 큰소매와 작은소매를 박음질한 후 옆선을 박음질한다.

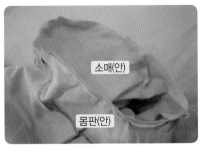

2 안으로 들어가 몸판, 소매를 겉과 겉끼리 놓고 중심선을 맞추어 박음질한다.

3 겉면으로 나와 소매를 잘 정리한다.

4 겉감과 안감 소매를 옆선에 핀으로 고정시킨다.

5 안으로 들어가 핀을 뺀 후 소매 겉감과 안감을 겉과 겉끼리 놓고 손으로 잡는다.

6 박음질한다.

7 겉면으로 나와 다림질한다.

5 겉감·안감 연결하기

1 완성된 겉감과 안감을 겉과 겉끼리 맞추어 박음질한다.

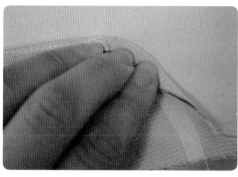

2 뒤집기 전에 송곳을 이용하여 둥근 밑단 모양을 만들어 손으로 눌러 다림질한다.
다림질한 후 뒤집어야 모양이 예쁘게 나온다.

송곳

6 몸판과 안감 밑단 정리하기

1 겉감 밑단을 완성선에 맞추어 다림질한다.

밑단 바이어스테이프

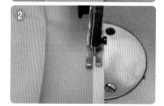

2 실을 잡아당겨 밑단을 편안하게 정리한다.
• 미싱의 땀수를 큰 땀수로 돌려놓고 박음질한다(실이 끊기지 않고 잘 당겨지도록 하기 위해서이다).
• 시작과 끝은 되돌려박기를 하지 않고 실은 길게 남겨 둔다(잡아당기기 위해서이다).

안감

겉감

3 가름솔로 다림질한 뒤 뒷목둘레를 몸판과 안감을 마주 보게 놓은 후 핀으로 고정한다.

❶ 겉감 밑단에 바이어스테이프를 올려놓고 노루발 반 발 0.5cm 간격으로 박음질한다.
❷ 바이어스테이프로 시접을 감싸 테이프 끝에서 0.1cm 떨어진 위치를 박음질한다.
❸ 안단도 바이어스테이프 처리한다.

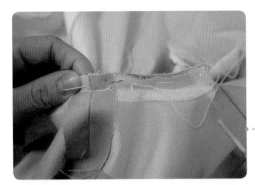

4 재봉실로 고정한다.
  겉칼라와 안칼라가 서로 분리되는 것을
  방지하기 위해서 시침질하는 것이다.

재봉실

5 안감은 겉감 완성선에서 1~1.5cm 올
  라간 선에 맞추어 다림질한 후 말아박
  기 박음질한다. 밑단은 접어 공그르기
  한다.

•· 말아박기 순서
  ❶ 완성선을 다림질한다.
  ❷ 다림질한 선의 절반을 접어 박
     음질한다.
  26쪽 공그르기 방법 참고

6 소매 안감을 말아박기 박음질한다.

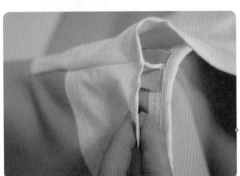

7 소매 겉감과 안감을 실루프로 연결하여   ·· •27쪽 실루프 방법 참고
  고정한다.
  실루프의 길이는 약 2cm

8 페플럼에는 안감을 만들지 않은 상태
  이다.
  • 지시 사항에 페플럼에 안감을 넣으라
    고 제시된다면 안감을 넣어야 한다.
  • 겉감을 참고해서 한다면 큰 어려움은
    없을 것이다.

7 장식 단추를 달고 걸고리 달기

앞면

옆면

뒷면

1 시험 시간

표준 시간 : 7시간 정도, 연장 시간 : 없음

2 요구 사항

※ 지급된 재료로 디자인과 같이 **하이 네크라인 재킷**을 제작하시오.

① 제시된 디자인과 동일한 작품을 적용 치수에 맞게 제도, 재단하여 의복을 제작하시오.

(지급받은 원단의 겉면과 안면(표면과 이면)은 수험자가 판단하여 작업하시오.)

② 제시된 디자인과 동일한 패턴 2부를 제도하여 1부는 재단에 사용하고, 다른 1부는 제작한 작품과 함께 채점용으로 제출하시오.

(제출용 패턴 제도에는 기초선과 제도에 필요한 부호와 약자를 표시하며, 패턴지는 자르지 않고 제출합니다.)

③ 패턴 제도와 재단 시 먹지, 룰렛과 칼은 사용하지 마시오.

④ 완성 치수는 문제에 제시된 치수로 제작하고, 제시되지 않은 치수는 디자인에 맞게 제작하시오.

가슴둘레, 허리둘레, 엉덩이둘레, 앞너비, 앞길이, 유장, 등너비, 등길이, 상의길이, 어깨너비, 소매길이, 소매밑단둘레

3 도면

적용 치수	지시 사항
가슴둘레 : 86cm　　어깨너비 : 38cm 허리둘레 : 68cm　　유장 : 24cm 엉덩이둘레 : 92cm　소매길이 : 58cm 엉덩이길이 : 18cm　소매밑단둘레 : 24cm 등길이 : 38cm　　　재킷길이(상의장) : 55cm 앞길이 : 40.5cm 등품 : 35cm 앞품 : 33cm	• 안단은 앞, 뒤판에 넣고 안감은 몸판에만 넣으시오(소매 안감을 넣을 경우 130쪽 참고). • 장식 스티치는 전체 0.3cm로 하시오. • 소매 끝은 바이어스 후 공그르기하시오. • 주머니 사이즈는 11×9로 하시오. • 진동둘레 바이어스, 안감 접어박기하시오. • 단춧구멍은 2.5cm로 하시오. • 하이넥은 3cm로 하시오.

※ 매 시험마다 적용 치수와 지시 사항은 다르게 출제될 수 있다.

비번호		성명	

도식화 (앞)　　　　　　　　　　　　(뒤)

봉제 시 유의사항	원 · 부자재 소요량			
	자재명	규격	단위	소요량
• 겉감, 안감 식서 방향에 주의하시오.				
• 심지는 밀리지 않도록 다림질에 유의하시오.	겉감	110cm	cm	210
• 장식 스티치는 전체 0.3cm로 하시오.				
• 소매는 한 장 소매로 다트 처리하시오.	안감	110cm	cm	210
• 소맷부리는 바이어스로 처리하여 공그르기하시오.				
• 주머니는 장식용 플랩 포켓으로 허리선에 끼워 박으	심지	110cm	cm	100
시오.	재봉실	60s/3합	com	1
• 단춧구멍은 2.5cm로 하시오				
• 안감 밑단은 접어박기하시오.	다대 테이프	10mm	cm	150
• 겉감 밑단은 바이어스로 처리하여 공그르기하시오.	단추	20mm	EA	1
• size 절대 준수				
	단추	12mm	EA	2

※ 매 시험마다 적용치수가 다를 수 있으니 시험지에 있는 지시사항과 원·부자재 규격, 소요량을 잘 쓰고, 각각 5개 이상 맞으면 주어진 배점에 만점으로 인정됩니다.

※ 작업 지시서 작성은 반드시 흑색 또는 청색 필기구를 사용하여야 합니다(연필로 작성하면 무효 처리).

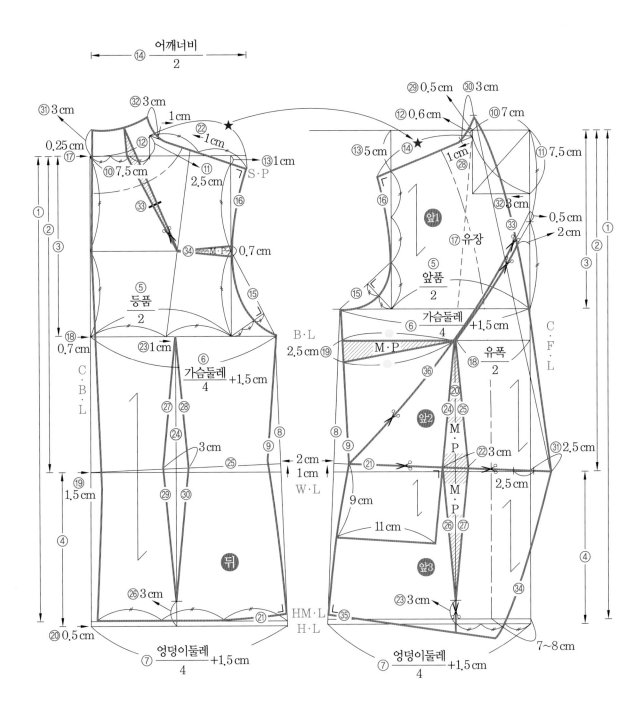

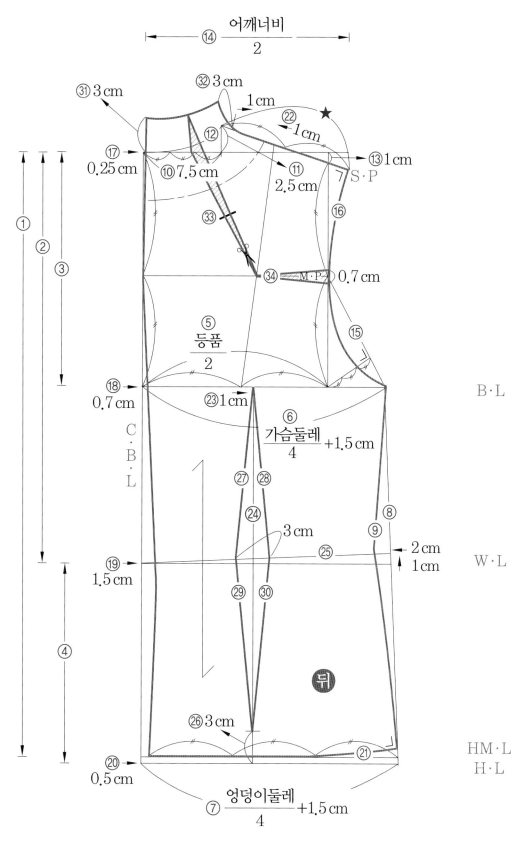

$$\frac{\text{어깨너비}}{2}$$

㉛ 3 cm
㉜ 3 cm
1 cm
㉒
1 cm
★
⑰
0.25 cm
⑫
⑩ 7.5 cm
⑪
2.5 cm
⑬ 1 cm
7 S·P
⑯
㉝
⑭
㉞ M·P 0.7 cm
⑮
$$\frac{⑤ \text{등품}}{2}$$
⑱
0.7 cm
㉓ 1 cm
$$\frac{⑥ \text{가슴둘레}}{4} + 1.5 cm$$
C·B·L
㉗ ㉘
⑧
⑨
㉔
3 cm
㉕
2 cm
1 cm
W·L
⑲
1.5 cm
㉙ ㉚
뒤
㉖ 3 cm
⑳
0.5 cm
㉑
HM·L
H·L
$$\frac{⑦ \text{엉덩이둘레}}{4} + 1.5 cm$$
B·L

① 재킷길이 : 55cm
② 등길이 : 38cm
③ 진동 깊이 : $\frac{\text{가슴둘레}}{4}$ +1cm
④ 엉덩이길이 : 18cm

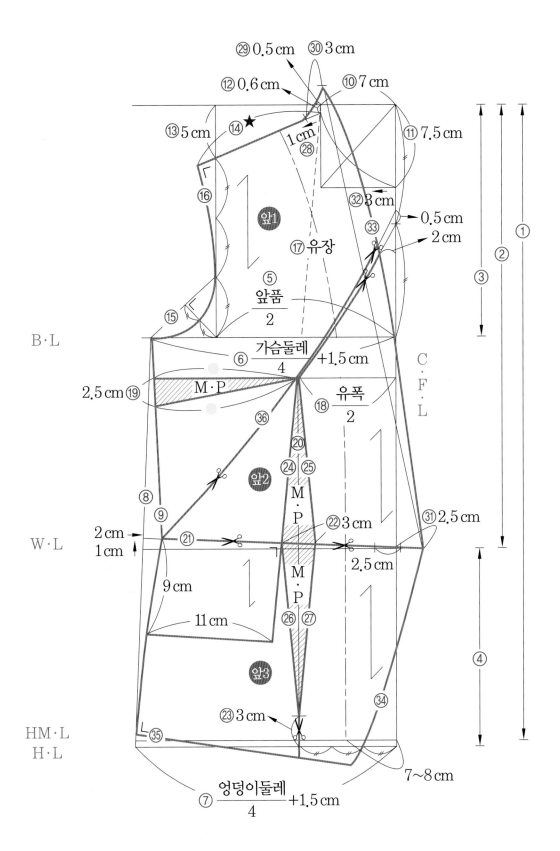

① 재킷길이 : 55cm+2.5cm

② 앞길이 : 40.5cm

③ 진동 깊이 : $\dfrac{가슴둘레}{4}$ +1cm

④ 엉덩이길이 : 18cm

⑭ 뒤어깨선 치수를 재어 앞어깨선을 그린다.

⑱ 유폭은 18cm이므로, $\dfrac{유폭}{2}$ (9cm)로 적용한다.

⑲ 앞길이−등길이

적용 치수
소매길이 : 58cm
소매밑단너비(소맷부리) : 24cm

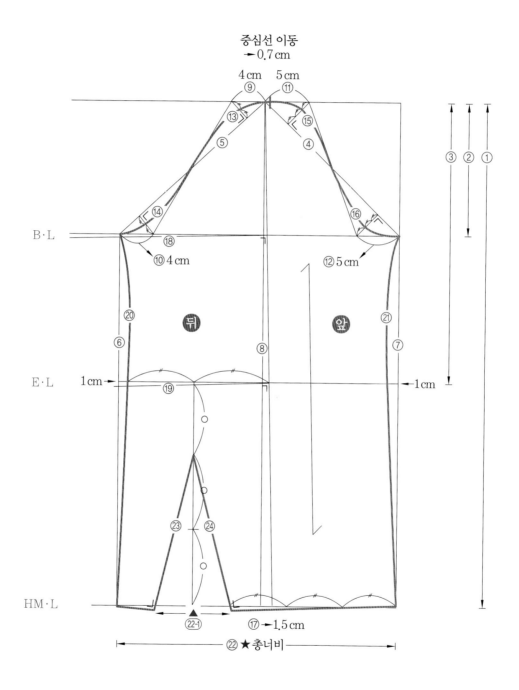

① 소매길이 : 58cm

② 소매산$\left(\dfrac{앞진동둘레+뒤진동둘레}{3}\right)$: 15cm

③ 팔꿈치길이$\left(\dfrac{소매길이}{2}+3cm\right)$: 32cm

④ 앞진동둘레(표준 22cm)−0.5cm

⑤ 뒤진동둘레(표준 23cm)−0.5cm

㉒ ★총너비 : 대략 33cm

㉒-1 ★33cm(총너비)−24cm(소매밑단너비)＝▲9cm

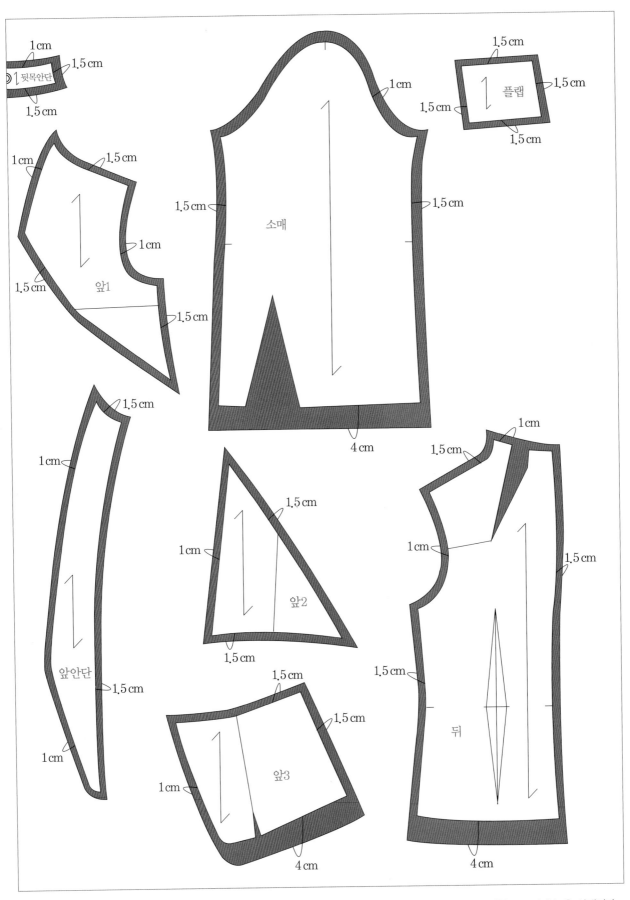

※ 원단의 겉과 겉끼리 식서 방향으로 접어 놓은 상태이다.

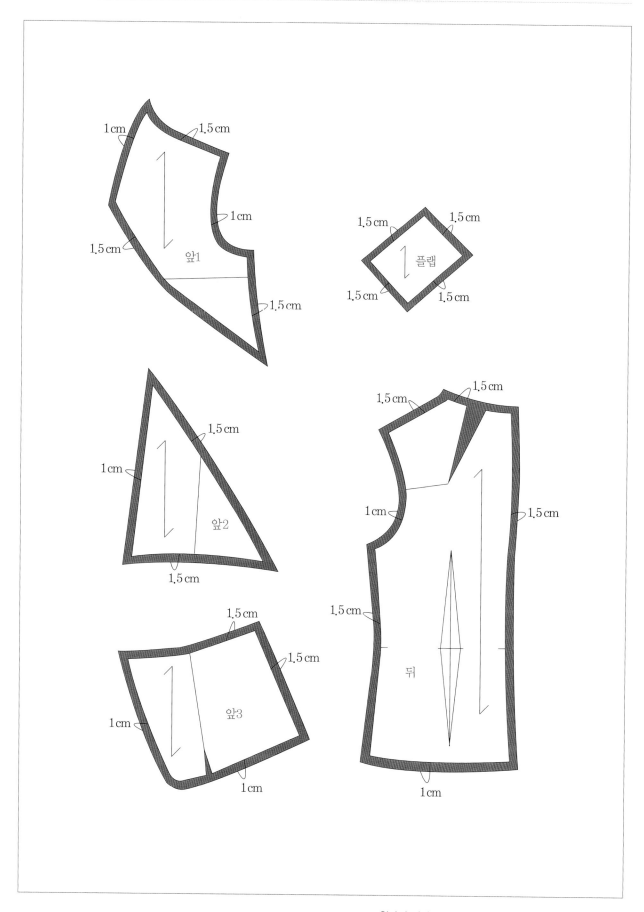

1 cm 1.5 cm

1 cm

1.5 cm

앞1

1.5 cm

1.5 cm 1.5 cm

플랩

1.5 cm 1.5 cm

1.5 cm

1 cm

앞2

1.5 cm

1.5 cm 1.5 cm

1.5 cm

1 cm 1.5 cm

뒤

1.5 cm

1.5 cm

1 cm

앞3

1 cm

1 cm

※ 원단의 겉과 겉끼리 식서 방향으로 접어 놓은 상태이다.

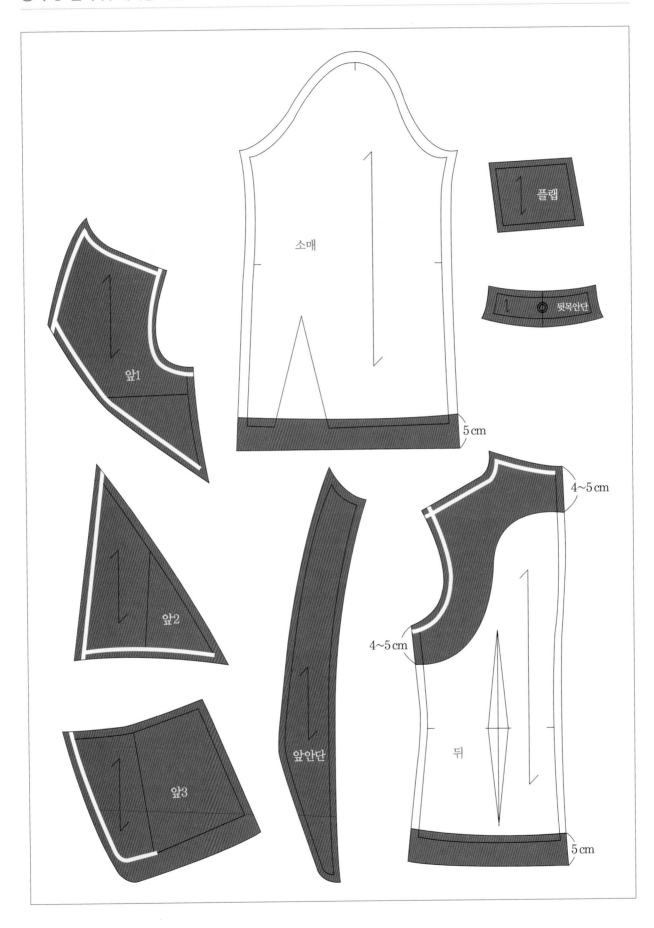

플랩

소매

뒷목안단

앞1

5cm

앞2

4~5cm

4~5cm

앞안단

뒤

앞3

5cm

1 앞판 주머니 만들기(한쪽 기준)

1 겉감과 안감에 심지를 부착한다.
  심지를 부착할 때 다리미를 밀지 말고 스
  팀을 주면서 고르게 접착한다.

2 심지를 붙인 겉감 플랩과 안감 플랩의 겉
  과 겉끼리 마주한 뒤 플랩 모양대로 박음
  질한다.

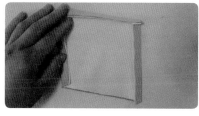

3 모서리는 손으로 꽉 잡아 다림질한 후 뒤
  집는다.
  다림질한 후 뒤집으면 모양이 더 예쁘다.

4 다림질한 후 뒤집은 모양이다.

5 장식 스티치 0.3cm로 박음질한다.

6 앞판3 플랩 위치에 놓고 미싱 또는 시침질
  하여 고정한다.

2 앞판 만들기

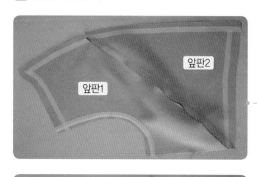

1 앞판1, 앞판2의 크로스라인을 박음질한
  후 시접을 위로 올려놓고 다림질한다.

• 암홀 테이프 붙이기

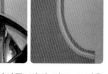

주의 사항 다리미를 밀지 말고 스팀을 주면서 고르게 접착한다.

※ 암홀 부위에는 암홀 전용 심지 테이프를 부착하면 소매가 예쁘게 달린다.

22쪽 심지 참고

2 시접을 위로 올려놓은 상태에서 겉면
  에 장식 스티치 0.3cm로 박음질한다.

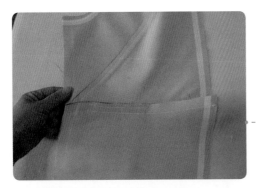

3 앞판2와 플랩을 고정한 앞판3을 박음
질한 후 시접을 위로 올려놓고 다림질
한다.

겉면에서 본 모양

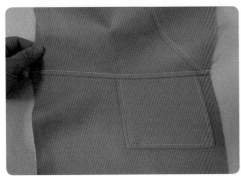

4 시접을 위로 올려놓은 상태에 겉면에
서 장식 스티치 0.3cm로 박음질한다.

③ 뒤판 만들기

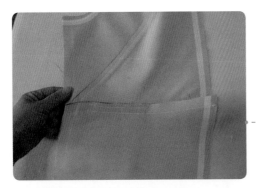

1 어깨 다트와 허리 다트를 박음질한 후
우마 위에 올려놓고 뒤판 중심 쪽을 바
라보게 다림질한다.

어깨 다트

허리 다트

다트 끝부분은 실로 매듭을 지어
풀리지 않도록 세 번 묶어 준다.

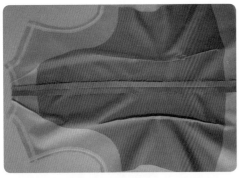

2 뒤중심선을 박음질한 후 가름솔로 다
림질한다.

3 앞판, 뒤판의 겉과 겉끼리 옆선을 박음
질한 후 가름솔로 다림질한다.
재킷의 라인을 생각하면서 약간 늘리면
서 다림질한다.

앞판, 뒤판을
겉과 겉끼리 놓은 모양

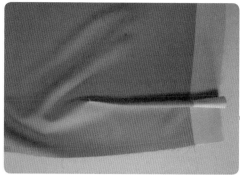

1 소매 밑 다트를 박음질한다.

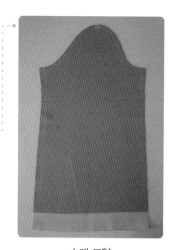

소매 모양

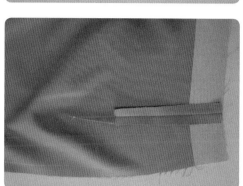

2 시접은 4cm 내려온 지점에서 가위집을 주고 옆선 쪽으로 다림질하고 아래 시접은 가름솔로 다림질한다.

다트 끝부분은 실로 매듭을 지어 풀리지 않도록 세 번 묶어 준다.

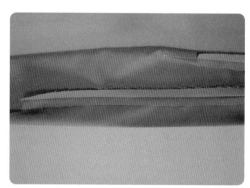

3 소매 옆선을 박음질한 후 가름솔로 다림질한다.

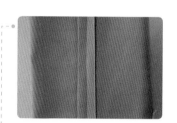

확대 모양
31쪽 접어박기 가름솔 방법 참고

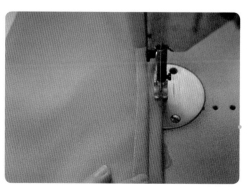

4 가름솔한 소매 시접을 접어박기한다.
소매에 안감이 달릴 경우에는 소매 시접을 접어박기하지 않는다.

바이어스테이프 연결 방법

5 소매 밑단을 완성선에 맞추어 다림질한 후 소매 밑단에 바이어스테이프를 올려 놓고 노루발 반 발 0.5cm 간격으로 박음질한다.
폭 3.5cm 바이어스테이프를 준비한다. (소재에 따라 폭 사이즈는 달라진다).

30쪽 바이어스테이프 만들기 방법 참고
32쪽 파이핑 가름솔 방법 참고

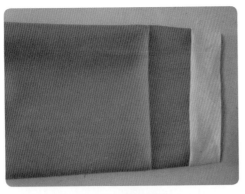

6 박음질한 후 바이어스테이프를 밑으로 내린다.

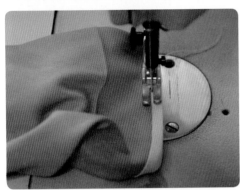

7 바이어스테이프로 시접을 감싸 테이프 끝에서 0.1cm 떨어진 위치를 박음질한다.

8 소맷단을 접어 공그르기한다.

•26쪽 공그르기 방법 참고

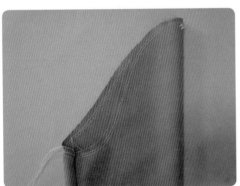

9 소매산 완성선에서 0.2~0.3cm 간격으로 나란히 두 줄로 박음질한다.
  • 미싱의 땀수를 큰 땀수로 돌려놓고 박음질한다(실이 끊기지 않고 잘 당겨지도록 하기 위해서이다).
  • 시작과 끝은 되돌려박기를 하지 않고 실을 길게 남겨 둔다(잡아당기기 위해서이다).

10 소매산 양쪽에서 두 올의 실을 잡아당겨 암홀 라인 치수에 맞게 오그려 준다.

11 오그린 소매산을 소매 전용 데스망에 올려놓고 스팀을 주면서 다림질한다.
데스망 또는 우마 가장자리에 대고 스팀을 주면서 다림질한다.

데스망

우마

12 완성된 소매를 몸판과 함께 핀을 꽂아 움직이지 않게 고정해 준다.
소매 중심선을 맞추어 고정한다.

소매를 달기 힘들어하는 분들은 핀으로 고정한 소매를 시침질하여 고정해 준다.
24쪽 시침질 방법 참고

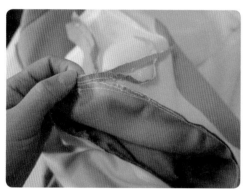

13 소매와 몸판을 박음질한 후 0.5cm를 남기고 가위로 자른다.

• 바이어스테이프 연결 방법

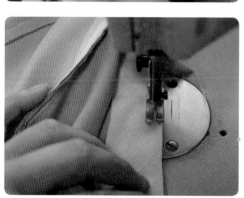

14 소매 안쪽에 바이어스테이프를 올려놓고 노루발 반 발 0.5cm 간격으로 박음질한다.
폭 3.5cm 바이어스테이프를 준비한다 (소재에 따라 폭 사이즈는 달라진다).

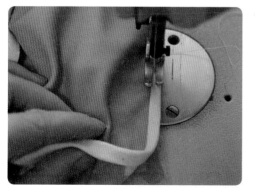

15 바이어스테이프로 시접을 감싸 아래는 접어 주고 테이프 끝에서 0.1cm 떨어진 위치에 박음질한다.

30쪽 바이어스테이프 만들기 방법 참고
32쪽 파이핑 가름솔 방법 참고

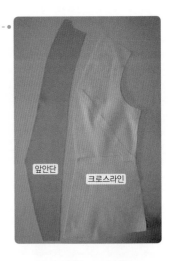

1 앞판1, 앞판2, 앞판3의 크로스라인을 박음질한 후 앞안단과 박음질한다.
앞안단 시접은 옆선 쪽으로 다림질한다.

2 어깨 다트와 허리 다트를 박음질한 후 중심선 쪽으로 박음질한다.
• 뒤중심을 박음질한 후 시접은 왼쪽으로 다림질한다.
• 입었을 때 뒤중심 시접은 오른쪽으로 가야 한다.

3 뒷목 안단을 뒤판 안감과 박음질한다.

4 앞판과 뒤판을 겉과 겉끼리 놓고 옆선을 박음질한 후 시접을 뒤판 쪽으로 다림질한다. 어깨는 박음질한 후 시접은 뒤판 쪽으로 다림질한다.

● 소매에 안감을 넣을 경우 *127쪽 4~15, 132쪽 6~7은 생략한다.

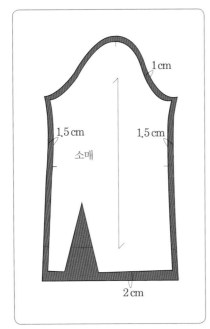

122쪽 (겉감 패턴 참고)

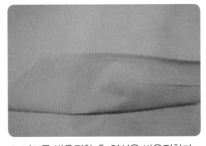

1 다트를 박음질한 후 옆선을 박음질한다.

2 안으로 들어가 몸판, 소매를 겉과 겉끼리 놓고 중심선을 맞추어 박음질한다.

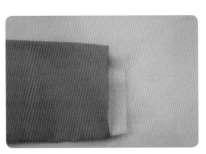

3 겉면으로 나와 소매를 잘 정리한다.

4 겉감과 안감 소매를 옆선에 핀으로 고정시킨다.

5 안으로 들어가 핀을 뺀 후 소매 겉감과 안감을 겉과 겉끼리 놓고 손으로 잡는다.

6 박음질한다.

7 겉면으로 나와 다림질한다.

6 겉감·안감 연결하기

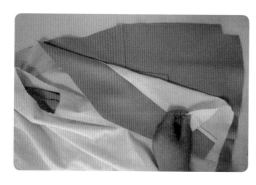

1 완성된 겉감과 안감을 겉과 겉끼리 맞추어 놓는다.

2 박음질한 후 시접을 꺾어 다림질한다.

7 몸판과 안감 밑단 정리하기

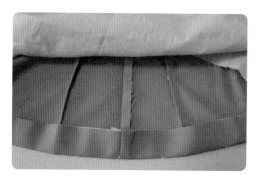

1 겉감 밑단을 완성선에 맞추어 다림질한다.

2 겉감 밑단에 바이어스테이프를 올려놓고 노루발 반 발 0.5cm 간격으로 박음질한다.
폭 3.5cm 바이어스테이프를 준비한다 (소재에 따라 폭 사이즈는 달라진다).

• 바이어스테이프 연결 방법

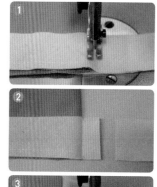

3 바이어스테이프로 시접을 감싸 테이프 끝에서 0.1cm 떨어진 위치를 박음질한다.

30쪽 바이어스테이프 만들기 방법 참고
32쪽 파이핑 가름솔 방법 참고

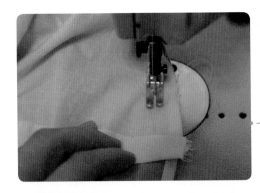

4 안감은 겉감 완성선에서 1~1.5cm 올라
간 선에 맞추어 다림질한 후 말아박기
박음질한다.

•── 말아박기 순서
❶ 완성선을 다림질한다.
❷ 다림질한 선의 절반을 접어 박
음질한다.

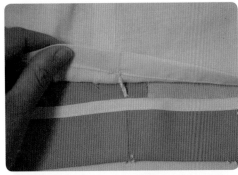

5 밑단을 접어 공그르기한 후 밑단 겉감
과 안감을 실루프로 연결해 고정한다.
실루프의 길이는 약 3~4cm

•─ 26쪽 공그르기 방법 참고
27쪽 실루프 방법 참고

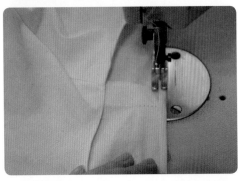

6 소매 안감을 말아박기 박음질한다.

7 소매 겉감과 안감을 실루프로 연결하여
고정한다.
실루프의 길이는 약 2cm

•─ 27쪽 실루프 방법 참고

8 전체 장식 스티치 0.3cm로 박음질한다.

•─ 29쪽 입술 단춧구멍 방법 참고

8 입술 단춧구멍 만들고 단추 달기 •── ─ ─ ─ ─ ─ ─

상의 ④ 완성 작품 – 하이 네크라인 재킷(High Neckline Jacket)

앞면

옆면

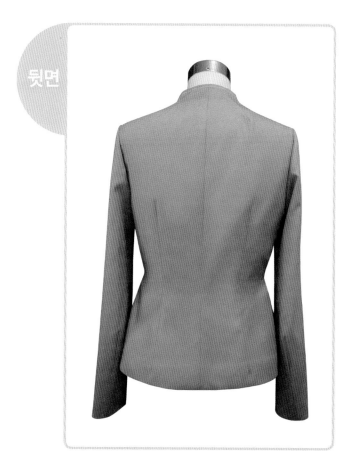

뒷면

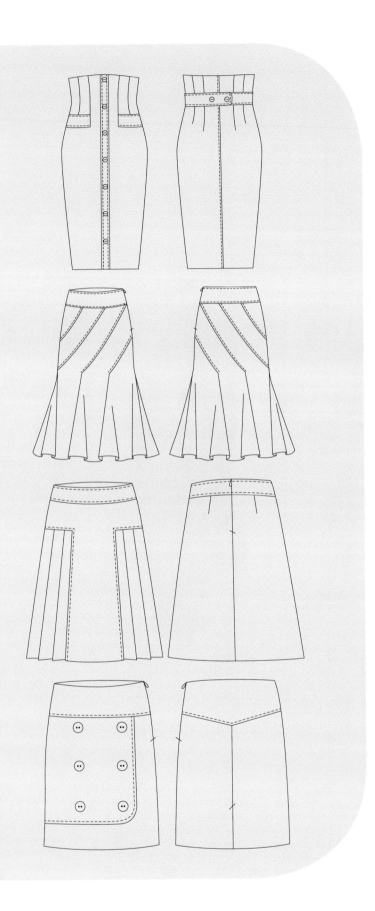

스커트

■ 하이 웨이스트 스커트
■ 10쪽 사선 고어드 스커트
■ 부분 주름 스커트
■ H라인 요크 스커트

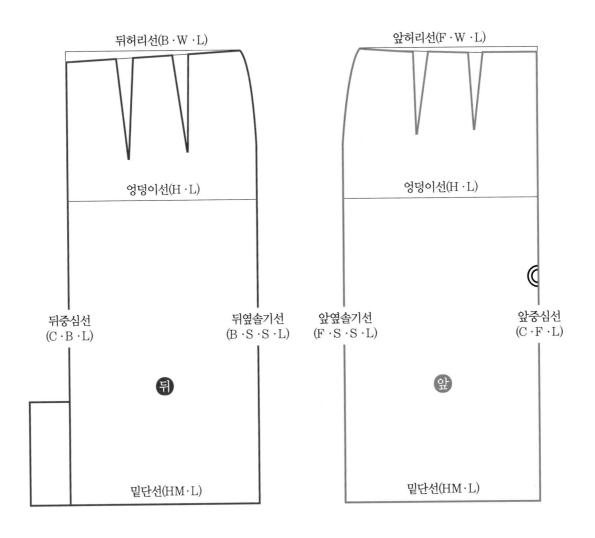

용어	약어	영어	용어	약어	영어
허리선	W·L	Waist Line	앞옆솔기선	F·S·S·L	Front Side Seam Line
엉덩이선	H·L	Hip Line	뒤옆솔기선	B·S·S·L	Back Side Seam Line
뒤중심선	C·B·L	Center Back Line	엉덩이길이	H·L	Hip Length
앞중심선	C·F·L	Center Front Line	밑단선	HM·L	Hem Line

적용 치수

허리둘레 : 68cm
엉덩이둘레 : 92cm

엉덩이길이 : 18cm
스커트길이 : 55cm

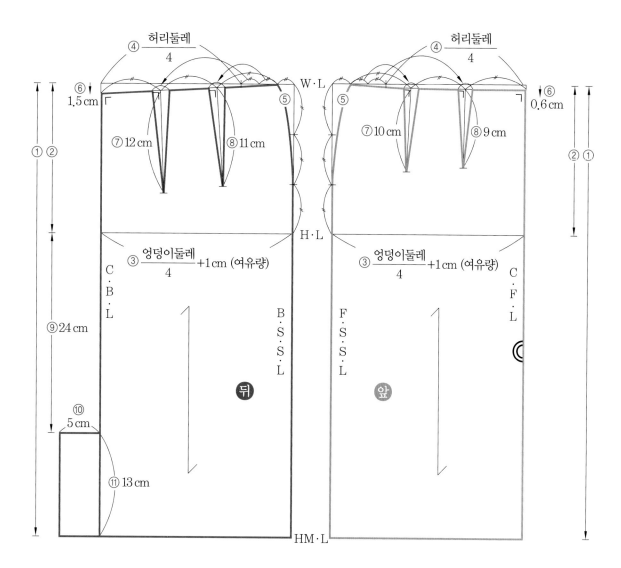

〈뒤판〉

① 스커트길이 : 55cm
② 엉덩이길이 : 18cm

〈앞판〉

① 스커트길이 : 55cm
② 엉덩이길이 : 18cm

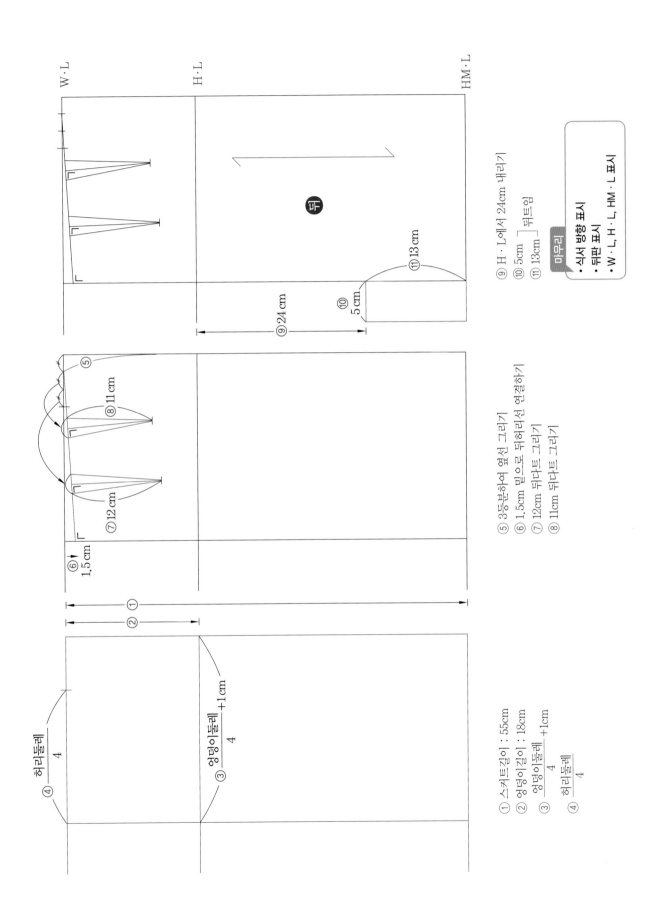

⑨ H · L에서 24cm 내리기
⑩ 5cm ⎫ 뒤트임
⑪ 13cm ⎭

⑤ 3등분하여 옆선 그리기
⑥ 1.5cm 밑으로 뒤허리선 연결하기
⑦ 12cm 뒤다트 그리기
⑧ 11cm 뒤다트 그리기

① 스커트길이 : 55cm
② 엉덩이길이 : 18cm
③ $\dfrac{\text{엉덩이둘레}}{4}$ +1cm
④ $\dfrac{\text{허리둘레}}{4}$

마무리
• 식서 방향 표시
• 뒤판 표시
• W · L, H · L, HM · L 표시

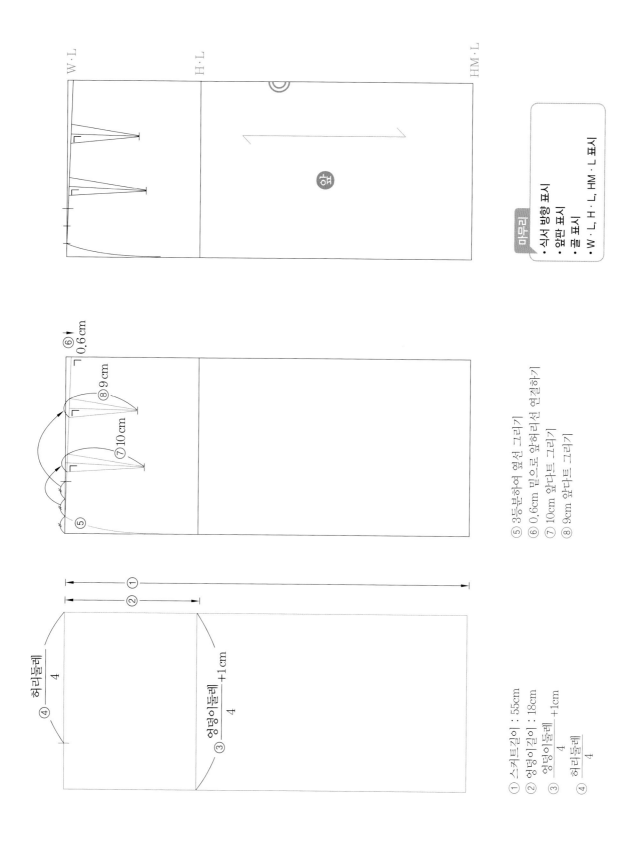

마무리
• 식서 방향 표시
• 앞판 표시
• 골 표시
• W·L, H·L, HM·L 표시

⑤ 3등분하여 옆선 그리기
⑥ 0.6cm 밑으로 앞허리선 연결하기
⑦ 10cm 앞다트 그리기
⑧ 9cm 앞다트 그리기

① 스커트길이 : 55cm
② 엉덩이길이 : 18cm
③ $\dfrac{\text{엉덩이둘레}}{4}$ +1cm
④ $\dfrac{\text{허리둘레}}{4}$

1 시험 시간

표준 시간 : 6시간 정도, 연장 시간 : 없음

2 요구 사항

※ 지급된 재료로 디자인과 같이 **하이 웨이스트 스커트**를 제작하시오.

① 제시된 디자인과 동일한 작품을 적용 치수에 맞게 제도, 재단하여 의복을 제작하시오.
  (지급받은 원단의 겉면과 안면(표면과 이면)은 수험자가 판단하여 작업하시오.)

② 제시된 디자인과 동일한 패턴 2부를 제도하여 1부는 재단에 사용하고, 다른 1부는 제작한 작품과 함께 채점용으로 제출하시오.
  (제출용 패턴 제도에는 기초선과 제도에 필요한 부호와 약자를 표시하며, 패턴지는 자르지 않고 제출합니다.)

③ 패턴 제도와 재단 시 먹지, 룰렛과 칼은 사용하지 마시오.

④ 완성 치수는 문제에 제시된 치수로 제작하고, 제시되지 않은 치수는 디자인에 맞게 제작하시오.
  스커트길이, 허리둘레, 엉덩이둘레, 엉덩이길이

3 도면

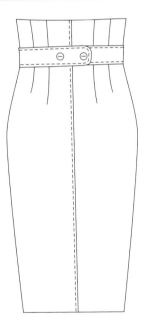

적용 치수

허리둘레 : 68cm
엉덩이둘레 : 90cm
엉덩이길이 : 18cm
스커트길이 : 60cm

지시 사항

- 허리선 위로 7cm로 하시오(하이 웨이스트).
- 앞판 웰트포켓 너비 3cm로 끼워달기하시오. (앞판 주머니를 넣을 경우 146쪽 참고)
- 앞판 중심 덧단 너비 3cm로 하시오.
- 뒤판 장식 벨트 너비 4cm로 하시오.
- 덧단과 안단은 골로 처리하시오.
- 단추는 모두 다시오.

- 단춧구멍은 세로로 버튼홀(2cm) 2개를 제작하시오.
- 스커트 겉감 밑단은 바이어스 후 공그르기하시오.
- 안감 밑단은 말아박기하시오(겉감 2.5cm 위에 위치).
- 장식 스티치는 전체 0.5cm로 하시오.
- 스커트 밑단 옆선에 양쪽으로 실고리하시오.

※ 매 시험마다 적용 치수와 지시 사항은 다르게 출제될 수 있다.

비번호		성명	

도식화 (앞)　　　　　　　　　　　　(뒤)

봉제 시 유의사항	원 · 부자재 소요량			

봉제 시 유의사항

- 겉감, 안감 식서 방향에 주의하시오.
- 심지는 밀리지 않도록 다림질에 유의하시오.
- 장식 스티치는 전체 0.5cm로 하시오.
- 앞판 웰트포켓 너비 3cm로 하시오.
- 뒤판 장식 벨트 너비 4cm로 옆선에 끼워 다시오.
- 덧단과 안단은 골로 처리하시오.
- 밑단 시접은 바이어스 처리하여 공그르기하시오.
- 밑단 옆선에 양쪽으로 실고리하시오.
- size 절대 준수

원 · 부자재 소요량

자재명	규격	단위	소요량
겉감	110cm	cm	150
안감	110cm	cm	150
심지	110cm	cm	90
재봉실	60s/3합	com	1
다대 테이프	10mm	cm	200
단추	15mm	EA	9

※ 매 시험마다 적용치수가 다를 수 있으니 시험지에 있는 지시사항과 원·부자재 규격, 소요량을 잘 쓰고, 각각 5개 이상 맞으면 주어진 배점으로 만점으로 인정됩니다.

※ 작업 지시서 작성은 반드시 흑색 또는 청색 필기구를 사용하여야 합니다(연필로 작성하면 무효 처리).

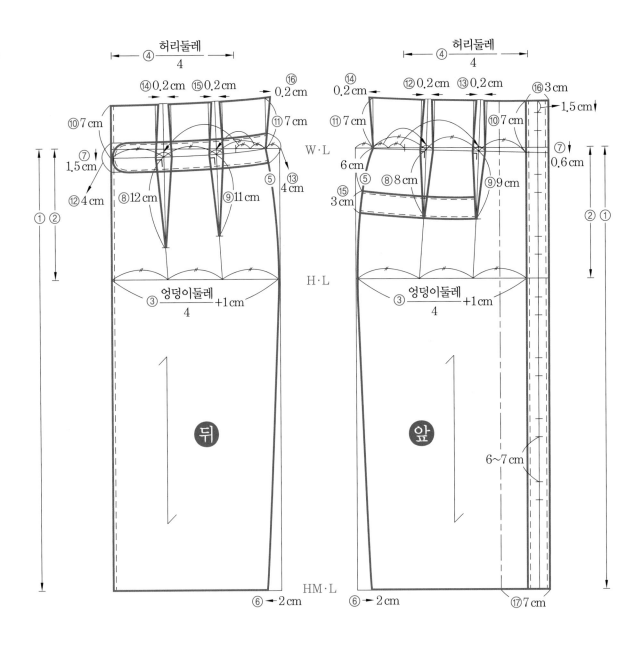

〈뒤판〉
① 스커트길이 : 60cm
② 엉덩이길이 : 18cm

〈앞판〉
① 스커트길이 : 60cm
② 엉덩이길이 : 18cm

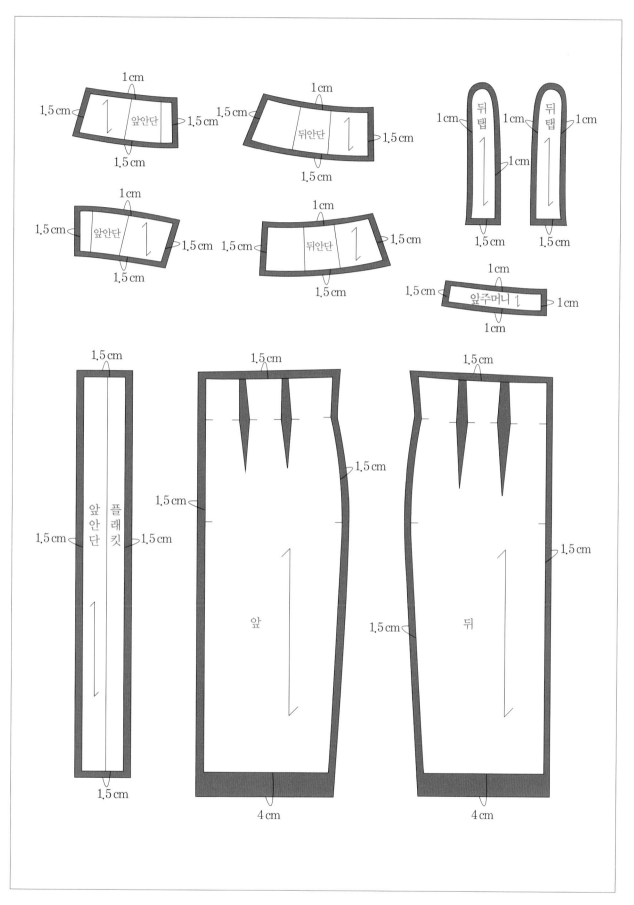

※ 원단의 겉과 겉끼리 식서 방향으로 접어 놓은 상태이다.

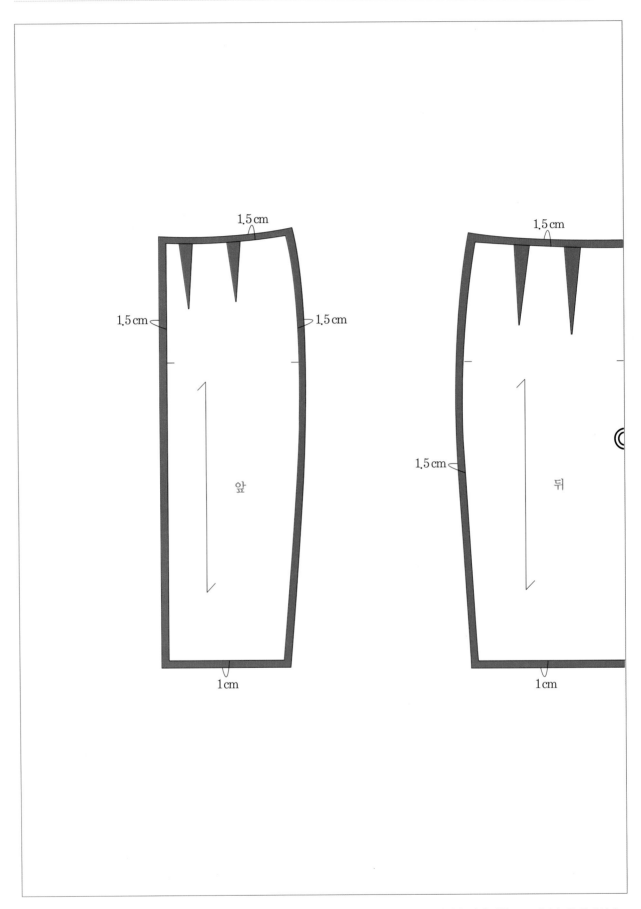

※ 원단의 겉과 겉끼리 식서 방향으로 접어 놓은 상태이다.

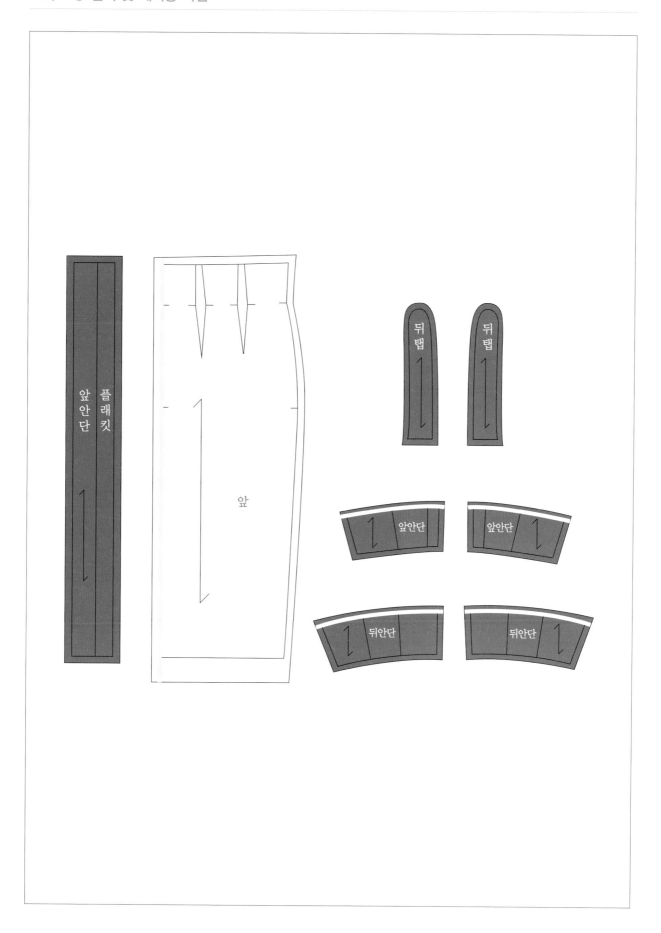

● 웰트 포켓을 사용할 수 있게 제작할 경우

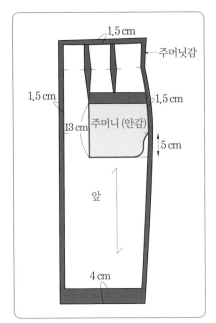

143쪽 (겉감 패턴 참고)

1 앞판을 준비한다.

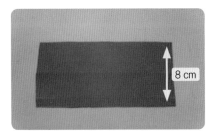

2 웰트포켓을 준비한다.
웰트포켓 : 3cm, 시접 : 1cm

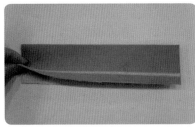

3 웰트포켓을 반으로 접어 다림질한다.

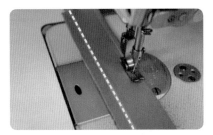

4 접은 면에 장식 0.5cm로 박음질한다.

5 웰트포켓과 주머니(안감)을 마주 보게 올려놓고 박음질한다. 이때 4에서 박음질 안 한 방향으로 박음질한다. 주머니(안감) : 입구 1cm, 그 외 시접 : 1.5cm

6 안감을 아래쪽으로 향하게 놓고 장식 0.5cm로 박음질한다.

7 웰트포켓과 주머니(안감)

8 1의 앞(겉)과 7을 겉과 겉끼리 놓고 박음질한다. 앞+웰트포켓+주머니(안감)

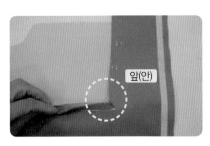

9 모서리에 가윗집을 준다.

10 주머니 안감을 아래쪽으로 향하게 놓는다.

11 주머닛감을 준비한다.
주머닛감 : 전체 시접 1.5cm

12 주머닛감 다트를 박음질한다.

13 박음질한 모습

14 주머닛감(겉) 위에 앞(겉)을 올려놓는다.

15 앞 + 주머닛감 + 주머니(안감)을 박음질한다.

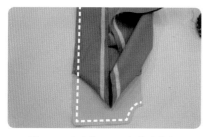

16 앞 + 주머닛감 + 주머니(안감)을 박음질한 모습

웰트포켓을 사용할 수 있는 앞판

1 앞판 주머니 만들기

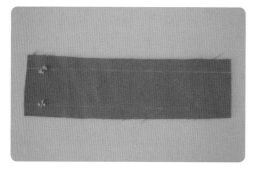

1 주머니 시접을 초크로 그린다.

2 시접을 안쪽으로 접어 다림질한다.

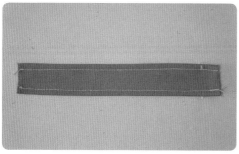

3 겉면에서 장식 스티치 0.5cm로 박음질한다.

2 앞판 만들기

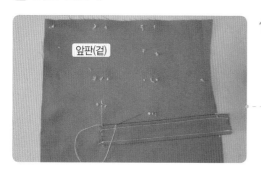

1 주머니를 중심쪽 다트 위에 올려놓고 시침질하여 고정한다.

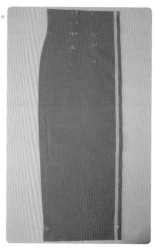

앞판(안쪽 면)

2 주머니를 끼운 상태에서 다트를 박음
질한다.

주머니를 끼운 상태에서
박음질한 모양(겉면)

3 앞판 다트를 박음질한 후 우마에 올려
놓고 시접을 중심 쪽으로 다림질한다.

다트 끝부분은 실로 매듭을 지어
풀리지 않도록 세 번 묶어 준다.

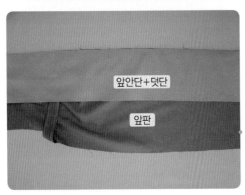

앞안단+덧단

앞판

4 앞판과 골로 만든 앞안단과 덧단을 겉
과 겉끼리 놓고 박음질한 후 시접을 덧
단 쪽으로 다림질한다.
덧단(플래킷)과 안단을 골로 만든다.

앞판

앞안단
+
덧단

앞안단+덧단

앞판

5 시접을 덧단(플래킷) 쪽으로 놓은 상태
에서 겉면에 장식 스티치 0.5cm로 박
음질한다.

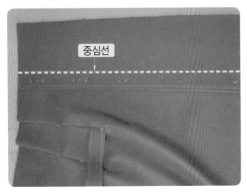

중심선

6 중심선에 박음질한다.

3 뒤판 만들기

1 뒤판 다트를 박음질한 후 우마에 올려
 놓고 시접을 중심쪽으로 다림질한다.

다트 끝부분은 실로 매듭을 지어
풀리지 않도록 세 번 묶어 준다.

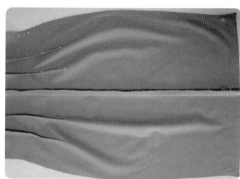

2 뒤판 중심선을 박음질한 후 시접을 모
 아 오른쪽으로 다림질한다.
 겉면에서 중심선 시접은 왼쪽에 있다.

확대 모양

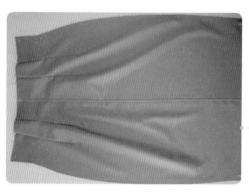

3 뒤판 중심선의 시접을 왼쪽으로 놓은
 상태에서 겉면에 장식 스티치 0.5cm로
 박음질한다.

뒤판 탭(Tab) 만들기(한쪽 기준)

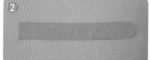

❶ 심지를 접착한 탭(Tab)을 준비
 한다.
❷ 탭(Tab)의 겉과 겉끼리 놓고 모
 양대로 박음질한다.
❸ 박음질 후 뒤집어 다림질한다.

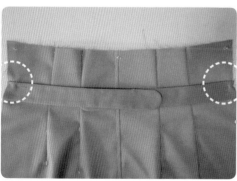

4 탭(Tab)을 뒤판 허리 위치에 올려놓고
 박음질 또는 시침질로 고정한다.

박음질로 고정해 놓은 모양

5 앞판, 뒤판의 겉과 겉끼리 옆선을 박음
 질한다.

6 박음질한 후 우마에 올려놓고 가름솔
 로 다림질한다.

4 안감 만들기

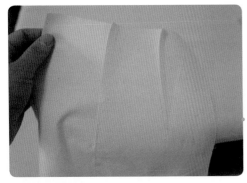

1 앞판 다트를 박음질한 후 우마에 올려 놓고 시접을 옆선 쪽으로 다림질한다.
걸감과 반대 방향으로 시접이 가야 원단이 두꺼워지지 않아 예쁘다.

다트 끝부분은 실로 매듭을 지어 풀리지 않도록 세 번 묶어 준다.

2 앞판과 앞안단을 박음질한다.

앞안단 모양

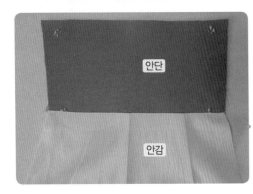

3 시접을 안감 쪽으로 내려놓고 0.2cm 폭으로 누름 상침한다.

확대 모양

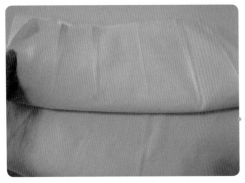

4 뒤판 다트를 박음질한 후 우마에 올려 놓고 시접을 옆선 쪽으로 다림질한다.
걸감과 반대 방향으로 시접이 가야 원단이 두꺼워지지 않아 예쁘다.

다트 끝부분은 실로 매듭을 지어 풀리지 않도록 세 번 묶어 준다.

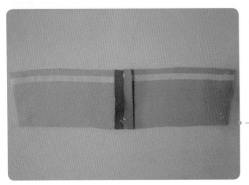

5 뒤안단의 중심선을 박음질한 후 가름 솔로 다림질한다.

뒤안단 모양

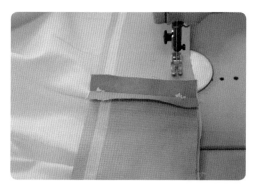

6 뒤판과 뒤안단을 박음질한다.

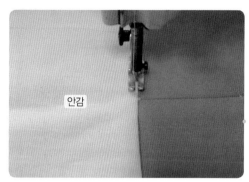

7 시접을 안감 쪽으로 내려놓고 0.2cm
폭으로 누름 상침한다.

확대 모양

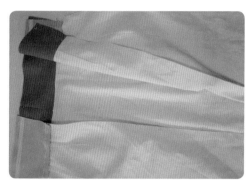

8 안감을 앞판, 뒤판의 겉과 겉끼리 놓고
옆선을 박음질한 후 시접을 뒤쪽으로
다림질한다.

9 안감은 겉감 완성선 위치에서 2.5cm 위
에 다림질한 후 말아박기 박음질한다.

• 말아박기 순서

❶ 완성선을 다림질한다.
❷ 다림질한 선의 절반을 접어 박
음질한다.

5 겉감·안감 연결하기

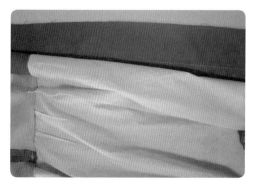

1 덧단과 안감의 겉과 겉끼리 마주 보게
놓고 박음질한다.

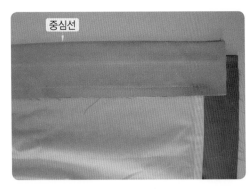

中心선

2 앞판 만들기 **6**에서 중심선 박음질한 부분을 접어 놓고 다림질한다.
덧단(플래킷)과 안단을 골로 만든다.

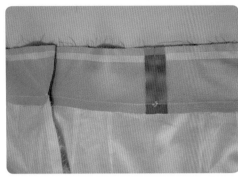

3 완성된 겉감과 안감을 겉과 겉끼리 맞추어 놓고 허리선을 박음질한다.

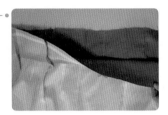

앞안단과 뒤안단 모양

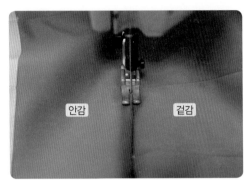

안감   겉감

4 **3**에서 박음질한 허리 시접은 안감 쪽으로 내려놓고 사이박음 0.2cm 폭으로 누름 상침한 후 우마에 올려놓고 다림질한다.

6 몸판과 안감 밑단 정리하기

1 말아박기 박음질한 안감 위로 1.5cm 위치를 가위로 자른 뒤 접어 다림질한다.

2 스커트 밑단을 완성선에 맞추어 다림질한다.

• 가름솔로 다림질한 시접선이 똑같아야 예쁘다.

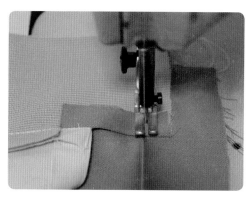

3 스커트 밑단 완성선에 안단을 박음질
  한다.

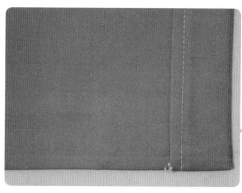

4 박음질한 후 시접을 꺾어 다림질한다.
  다림질한 후 뒤집어야 모양이 예쁘게
  나온다.

꺾어 다림질하는 모양

5 골로 처리한 덧단의 겉면에서 장식 스
  티치 0.5cm로 박음질한다.

덧단   안감

6 안감 쪽에서 0.2cm 폭으로 누름 상침
  한다.

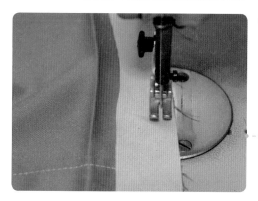

7 겉감 밑단에 바이어스테이프를 올려놓
  고 노루발 반 발 0.5cm 간격으로 박음
  질한다.
  폭 3.5cm 바이어스테이프를 준비한다
  (소재에 따라 폭 사이즈는 달라진다).

30쪽 바이어스테이프 만들기 방법
  참고
32쪽 파이핑 가름솔 방법 참고

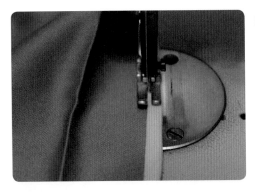

8 바이어스테이프로 시접을 감싸 테이프 끝에서 0.1cm 떨어진 위치를 박음질한다.

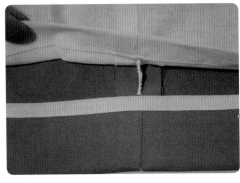

9 스커트 밑단을 접어 공그르기한 후 밑단 옆선 양쪽에 겉감과 안감을 실루프로 연결하여 고정한다.
실루프의 길이는 약 3~4cm

양쪽 모서리를 공그르기한다.
26쪽 공그르기 방법 참고
27쪽 실루프 방법 참고

28쪽 버튼홀 스티치 방법 참고

7 버튼홀 스티치 단춧구멍 만들고 단추 달기

스커트 ⑤ 완성 작품 – 하이 웨이스트 스커트(High Waist Skirt)

앞면

뒷면

1 시험 시간

표준 시간 : 6시간 정도, 연장 시간 : 없음

2 요구 사항

※ 지급된 재료로 디자인과 같이 **10쪽 사선 고어드 스커트**를 제작하시오.

① 제시된 디자인과 동일한 작품을 적용 치수에 맞게 제도, 재단하여 의복을 제작하시오.

　(지급받은 원단의 겉면과 안면(표면과 이면)은 수험자가 판단하여 작업하시오.)

② 제시된 디자인과 동일한 패턴 2부를 제도하여 1부는 재단에 사용하고, 다른 1부는 제작한 작품과 함께 채점용으로 제출하시오.

　(제출용 패턴 제도에는 기초선과 제도에 필요한 부호와 약자를 표시하며, 패턴지는 자르지 않고 제출합니다.)

③ 패턴 제도와 재단 시 먹지, 룰렛과 칼은 사용하지 마시오.

④ 완성 치수는 문제에 제시된 치수로 제작하고, 제시되지 않은 치수는 디자인에 맞게 제작하시오.

　스커트길이, 허리둘레, 엉덩이둘레, 엉덩이길이

3 도면

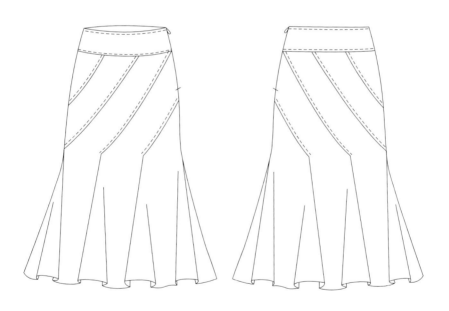

적용 치수

허리둘레 : 68cm
엉덩이둘레 : 90cm
엉덩이길이 : 18cm
스커트길이 : 62cm

지시 사항

• 요크 너비는 5cm로 하시오.
• 스커트 밑단 1cm로 접어박기하시오.
• 안감 밑단 사선 끝나는 곳까지 1cm로 접어박기하시오.
• 스커트 연결선과 솔기 모두 시접 처리 안 함.
• 안감은 절개 없이 하시오.
• 콘솔 지퍼를 달고 걸고리를 하시오.
• 장식 스티치는 전체 0.3cm로 하시오.

※ 매 시험마다 적용 치수와 지시 사항은 다르게 출제될 수 있다.

비번호		성명	

도식화 (앞)   (뒤)

| 봉제 시 유의사항 | 원·부자재 소요량 |

봉제 시 유의사항

- 겉감, 안감 식서 방향에 주의하시오.
- 심지는 밀리지 않도록 다림질에 유의하시오.
- 장식 스티치는 전체 0.3cm로 하시오.
- 요크 너비는 5cm로 하시오.
- 콘솔 지퍼를 달고 걸고리를 하시오.
- 지퍼는 밀리지 않게 다시오.
- 허리 요크, 지퍼 다는 부분 심지 작업 및 다대 테이프 붙이기
- 스커트 밑단 1cm로 접어박기하시오.
- 안감은 절개 없이 하시오.
- size 절대 준수

원·부자재 소요량

자재명	규격	단위	소요량
겉감	110cm	cm	150
안감	110cm	cm	150
심지	110cm	cm	90
재봉실	60s/3합	com	1
다대 테이프	10mm	cm	200
콘솔 지퍼	25cm	EA	1
걸고리		쌍	1

※ 매 시험마다 적용치수가 다를 수 있으니 시험지에 있는 지시사항과 원·부자재 규격, 소요량을 잘 쓰고, 각각 5개 이상 맞으면 주어진 배점으로 만점으로 인정됩니다.

※ 작업 지시서 작성은 반드시 흑색 또는 청색 필기구를 사용하여야 합니다(연필로 작성하면 무효 처리).

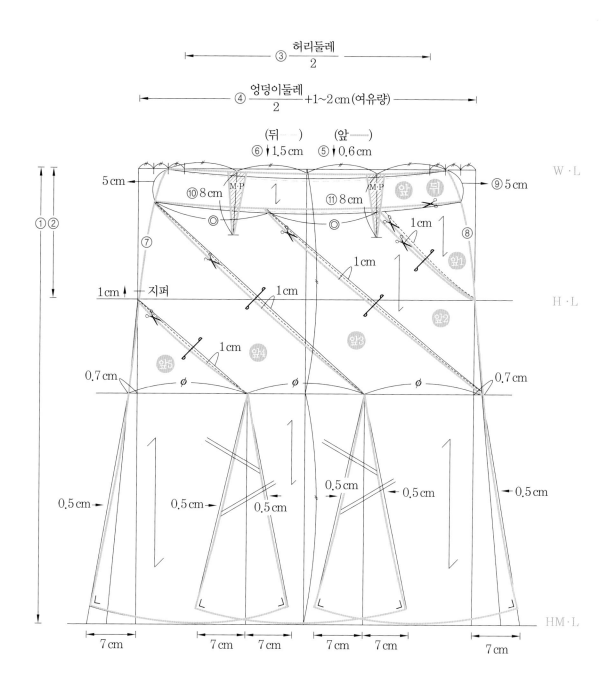

$$③ \frac{\text{허리둘레}}{2}$$

$$④ \frac{\text{엉덩이둘레}}{2} + 1 \sim 2\,\text{cm}\,(\text{여유량})$$

(뒤   )   (앞   )

⑥ ↕ 1.5 cm   ⑤ ↕ 0.6 cm

W · L

5 cm   ⑩ 8 cm   ⑪ 8 cm   앞 뒤   ⑨ 5 cm

① ②

⑦   1 cm   ⑧   앞1

1 cm   H · L

1 cm ↕ — 지퍼   1 cm   앞2

앞3

1 cm   앞4

0.7 cm   ∅   ∅   ∅   0.7 cm

앞5

0.5 cm   0.5 cm   0.5 cm   0.5 cm   0.5 cm   0.5 cm

HM · L

7 cm   7 cm   7 cm   7 cm   7 cm   7 cm

① 스커트길이 : 62cm
② 엉덩이길이 : 18cm

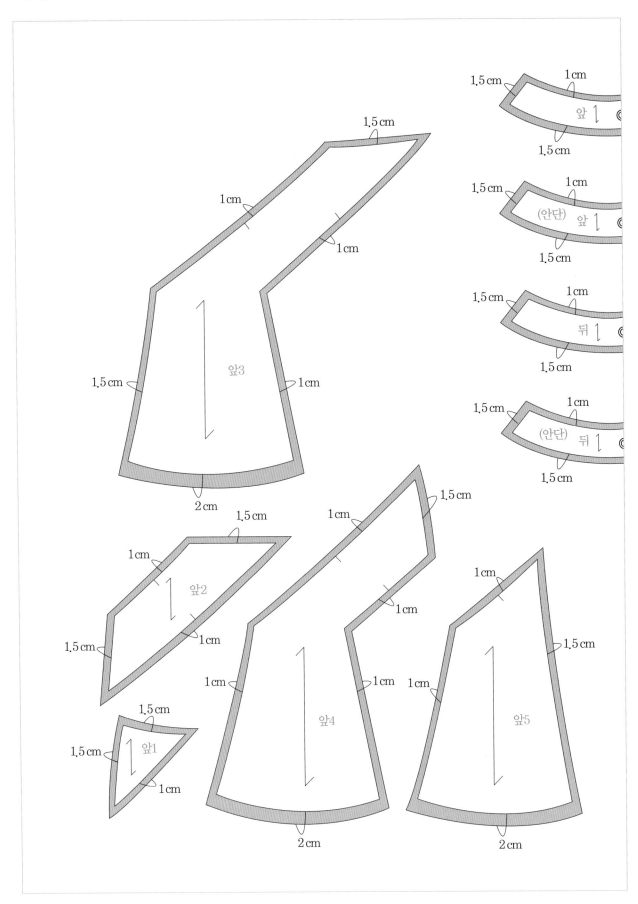

※ 원단의 겉과 겉끼리 식서 방향으로 접어 놓은 상태이다.

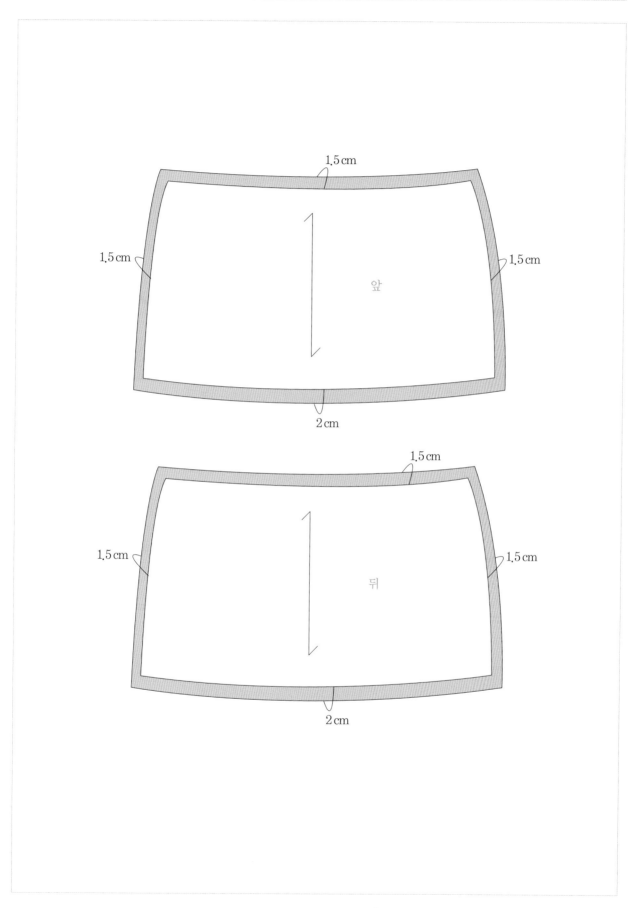

※ 원단의 겉과 겉끼리 식서 방향으로 접어 놓은 상태이다.

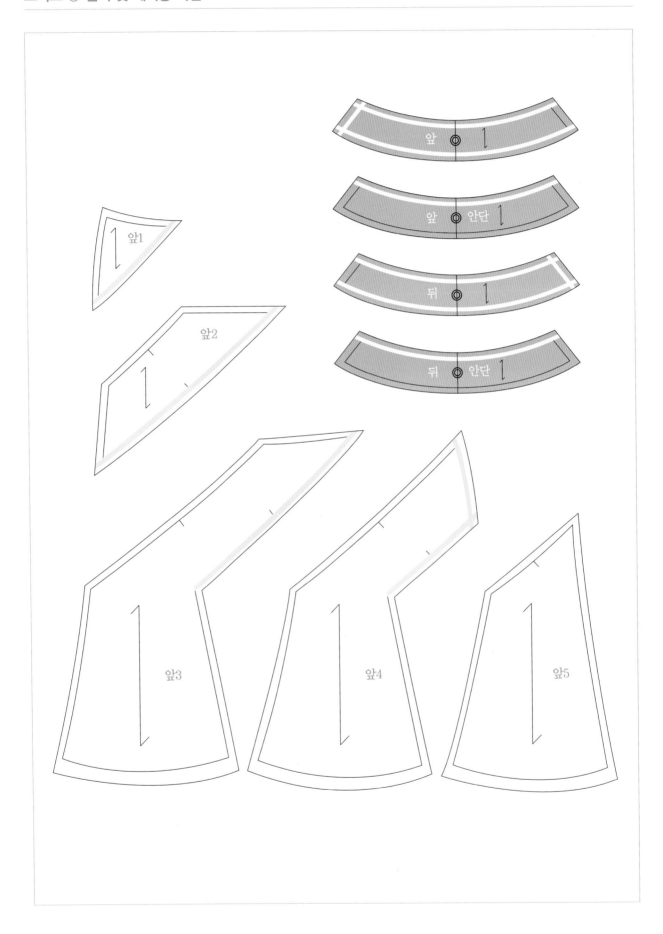

1 앞판 만들기

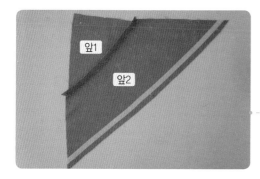

1 앞1과 앞2를 겉과 겉끼리 마주 놓고 박음질한다.

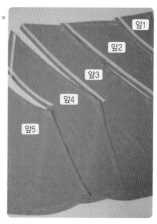

앞판

2 앞2와 앞3을 겉과 겉끼리 마주 놓고 박음질한다.

3 앞3과 앞4를 겉과 겉끼리 마주 놓고 박음질한다.

4 앞4와 앞5를 겉과 겉끼리 마주 놓고 박음질한다.

5 시접을 위로 올려놓은 상태에서 겉면에 장식 스티치 0.3cm로 박음질한다.

박음질하는 확대 모양

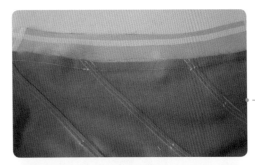

6 앞판 요크 밴드와 플레어 부분을 겉과 겉끼리 마주 놓고 박음질한 후 시접을 위로 올려놓고 다림질한다.

위 : 겉면 앞판 요크 밴드
아래 : 플레어

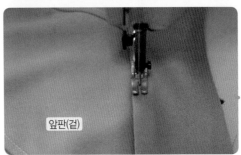

앞판(겉)

7 시접을 위로 올려놓은 상태에서 겉면에 장식 스티치 0.3cm로 박음질한다.

앞판(겉면) 확대 모양

2 뒤판 만들기

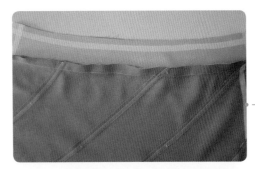

1 앞판(1 앞판 만들기 1~7)과 동일한 방법이다.

뒤판

위 : 겉면 뒤판 요크 밴드
아래 : 플레어

2 앞판, 뒤판의 겉과 겉끼리 옆선을 박음질한 후 우마에 올려놓고 가름솔로 다림질한다.
지퍼를 달 부분은 남기고 박음질한다.

쇠 콘솔 노루발

3 콘솔 지퍼 달기

1 원단과 같은 색의 콘솔 지퍼를 준비한다.
지퍼 길이는 10인치(약 25cm)

2 콘솔 지퍼를 벌린 후 톱니를 펴서 납작하게 다림질한다.
다림질한 후 지퍼를 올리지 않는다. 지퍼를 올리면 다림질한 의미가 없다.

겉면 오른쪽

겉면 왼쪽

3 콘솔 지퍼를 달 위치에 올려놓는다.

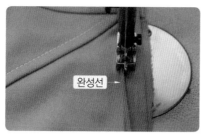

4 콘솔 지퍼의 상단 부분과 시작점을 초크로 표시해 놓고 시침핀으로 고정한다.
왼쪽부터 콘솔 지퍼를 박음질한다.

5 납작하게 다려 놓은 지퍼 끝선을 옆선 완성선에 바짝 맞춰 박음질한다.
콘솔 지퍼 전용 노루발(쇠 콘솔 노루발)을 사용하면 편리하고 예쁘게 지퍼를 달 수 있다.

6 지퍼의 갈라진 부분과 옆선 봉제선 부분이 같도록 핀으로 고정한다.

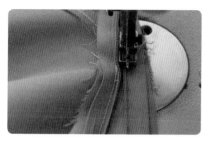

7 오른쪽은 아래쪽에서 위쪽으로 박음질한다.
왼쪽은 위쪽에서 아래쪽으로, 오른쪽은 아래쪽에서 위쪽으로 박음질한다.

8 지퍼를 박음질한 후 지퍼 아래쪽 슬라이드를 잡아 위쪽으로 올린다.

4 안감 만들기

1 앞판 요크 밴드 안단과 안감을 박음질한 후 시접을 아래로 다림질한다.
앞판, 뒤판과 같은 방법이다.

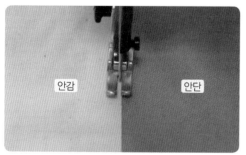

2 시접을 안감 쪽으로 내려놓고 0.2cm 폭으로 누름 상침한다.

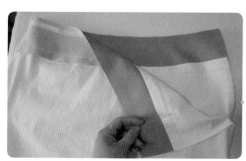

3 앞판, 뒤판의 겉과 겉끼리 옆선을 박음질한 후 우마에 올려놓고 시접은 뒤판 쪽으로 다림질한다.
지퍼를 달 부분은 남기고 박음질한다.

우마

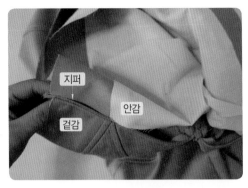

1 현재 겉감에 지퍼가 달린 상태이다. 손으로 지퍼와 안감을 잡아서 안으로 들어간다.
지퍼는 벌어져 있는 상태이다.

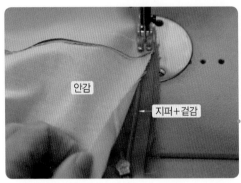

2 안으로 들어가서 안감을 위로 올려놓은 상태에서 박음질한다.
• 지퍼는 벌어져 있는 상태이다.
• 일반 노루발로 교체한다.

지퍼를 단 모양

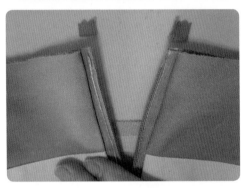

3 지퍼에 겉감과 안감을 박음질한 후 상단 위에 있는 지퍼는 가위로 자른다.

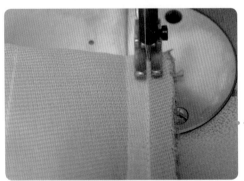

4 지퍼를 감싸 손으로 잡은 뒤 박음질한다.

지퍼를 감싸 손으로 잡은 모양

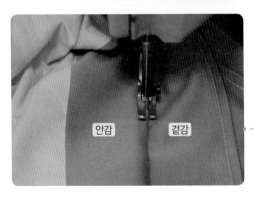

5 4에서 박음질한 허리 시접은 안감 쪽으로 내려놓고 사이박음 0.2cm 폭으로 누름 상침한 후 우마에 올려놓고 다림질한다.

확대 모양

6 우마에 올려놓고 다림질한다.

6 몸판과 안감 밑단 정리하기

1 스커트 밑단을 완성선에 맞추어 다림질
한다.

2 다림질한 완성선을 반으로 접어 말아박
기 박음질한다.
자석 받침을 이용하면 똑같은 간격으
로 편리하고 예쁘게 박음질할 수 있다.

• 말아박기 순서
❶ 완성선을 다림질한다.
❷ 다림질한 선의 절반을 접어 박
음질한다.

3 박음질한 후 다림질한다.

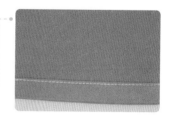

확대 모양

4 안감은 사선 끝나는 기점에서 1cm 말
아박기 박음질한다.
안감 시접은 2cm이다.

• 말아박기 순서
❶ 완성선을 다림질한다.
❷ 다림질한 선의 절반을 접어 박
음질한다.

5 콘솔 지퍼를 단 위치 상단 안쪽에 걸
고리를 단다.

앞면

뒷면

1 시험 시간

표준 시간 : 6시간 정도, 연장 시간 : 없음

2 요구 사항

※ 지급된 재료로 디자인과 같이 **부분 주름 스커트**를 제작하시오.

① 제시된 디자인과 동일한 작품을 적용 치수에 맞게 제도, 재단하여 의복을 제작하시오.

   (지급받은 원단의 겉면과 안면(표면과 이면)은 수험자가 판단하여 작업하시오.)

② 제시된 디자인과 동일한 패턴 2부를 제도하여 1부는 재단에 사용하고, 다른 1부는 제작한 작품과 함께 채점용으로 제출하시오.

   (제출용 패턴 제도에는 기초선과 제도에 필요한 부호와 약자를 표시하며, 패턴지는 자르지 않고 제출합니다.)

③ 패턴 제도와 재단 시 먹지, 룰렛과 칼은 사용하지 마시오.

④ 완성 치수는 문제에 제시된 치수로 제작하고, 제시되지 않은 치수는 디자인에 맞게 제작하시오.

   스커트길이, 허리둘레, 엉덩이둘레, 엉덩이길이

3 도면

적용 치수

허리둘레 : 68cm
엉덩이둘레 : 90cm
엉덩이길이 : 18cm
스커트길이 : 60cm

지시 사항

• 허리선에서 2cm 내려온 골반 벨트로 하시오.
• 요크 너비는 4cm로 하시오.
• 요크선에서 9cm 내려와 주름을 시작하시오.
• 장식 스티치는 전체 0.3cm로 하시오.
• 주름 방향은 옆선으로 향하게 하시오.

• 스커트 밑단 바이어스 후 공그르기하시오.
• 안감 밑단은 접어박기하시오(겉감 2.5cm 위에 위치).
• 스커트 밑단 옆선에 양쪽으로 실고리하시오.
• 콘솔 지퍼를 달고 걸고리를 하시오.

※ 매 시험마다 적용 치수와 지시 사항은 다르게 출제될 수 있다.

비번호		성명	

도식화 (앞)　　　　　　　　　　(뒤)

봉제 시 유의사항

- 겉감, 안감 식서 방향에 주의하시오.
- 심지는 밀리지 않도록 다림질에 유의하시오.
- 장식 스티치는 전체 0.3cm로 하시오.
- 요크 너비는 4cm로 하시오.
- 콘솔 지퍼를 달고 걸고리를 하시오.
- 지퍼는 밀리지 않게 다시오.
- 허리 요크, 지퍼 다는 부분 심지 작업 및 다대 테이프 붙이기
- 밑단 바이어스 처리 후 공그르기하시오.
- 밑단 옆선에 양쪽으로 실고리하시오.
- 주름 방향은 옆선으로 향하게 하시오.
- 안감 밑단 접어박기하시오(겉감 2.5cm 위에 위치).
- size 절대 준수

원 · 부자재 소요량

자재명	규격	단위	소요량
겉감	110cm	cm	150
안감	110cm	cm	150
심지	110cm	cm	90
재봉실	60s/3합	com	1
다대 테이프	10mm	cm	200
콘솔지퍼	25cm	EA	1
걸고리		쌍	1

※ 매 시험마다 적용치수가 다를 수 있으니 시험지에 있는 지시사항과 원·부자재 규격, 소요량을 잘 쓰고, 각각 5개 이상 맞으면 주어진 배점에 만점으로 인정됩니다.

※ 작업 지시서 작성은 반드시 흑색 또는 청색 필기구를 사용하여야 합니다(연필로 작성하면 무효 처리).

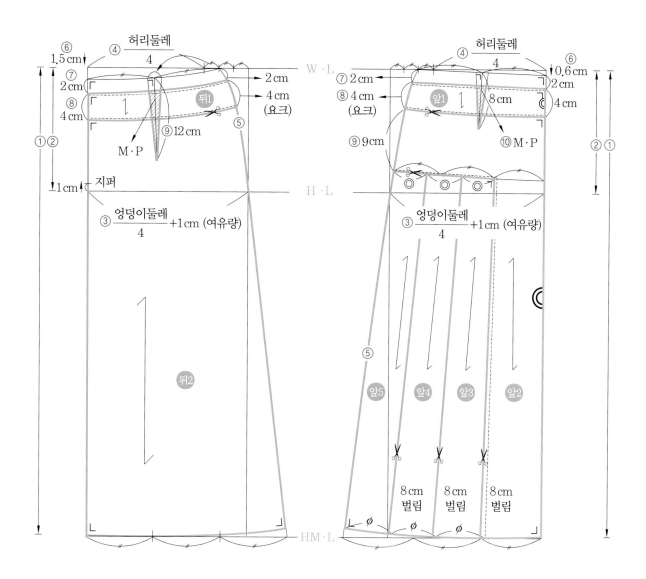

〈뒤판〉
① 스커트길이 : 60cm
② 엉덩이길이 : 18cm

〈앞판〉
① 스커트길이 : 60cm
② 엉덩이길이 : 18cm

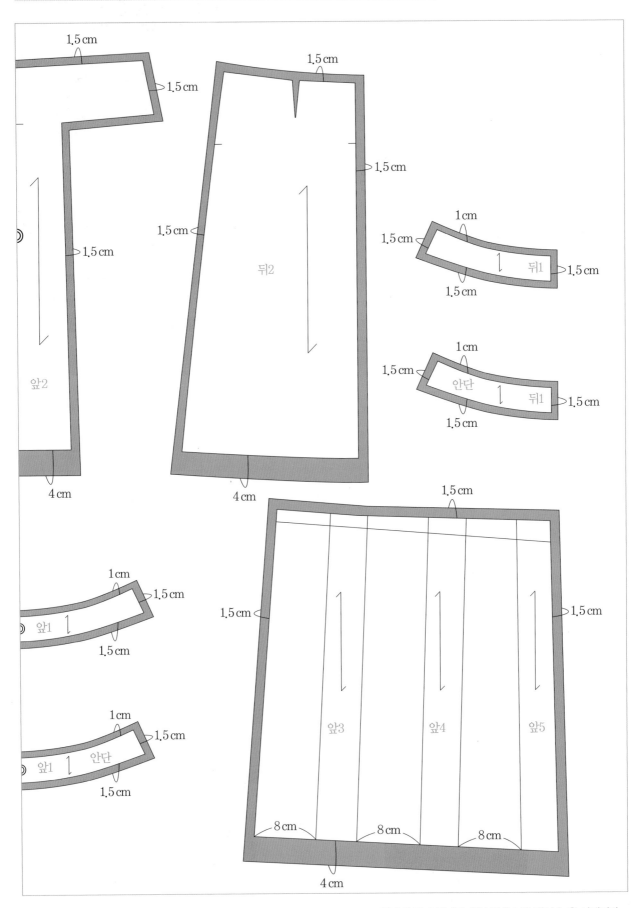

1.5 cm

1.5 cm

1.5 cm

1.5 cm

앞2

4 cm

1.5 cm

1.5 cm

뒤2

4 cm

1 cm

1.5 cm

1.5 cm

뒤1

1.5 cm

1 cm

1.5 cm

안단

1.5 cm

뒤1

1.5 cm

1 cm

1.5 cm

앞1

1.5 cm

1 cm

1.5 cm

앞1   안단

1.5 cm

1.5 cm

1.5 cm

앞3   앞4   앞5

8 cm   8 cm   8 cm

4 cm

※ 원단의 겉과 겉끼리 식서 방향으로 접어 놓은 상태이다.

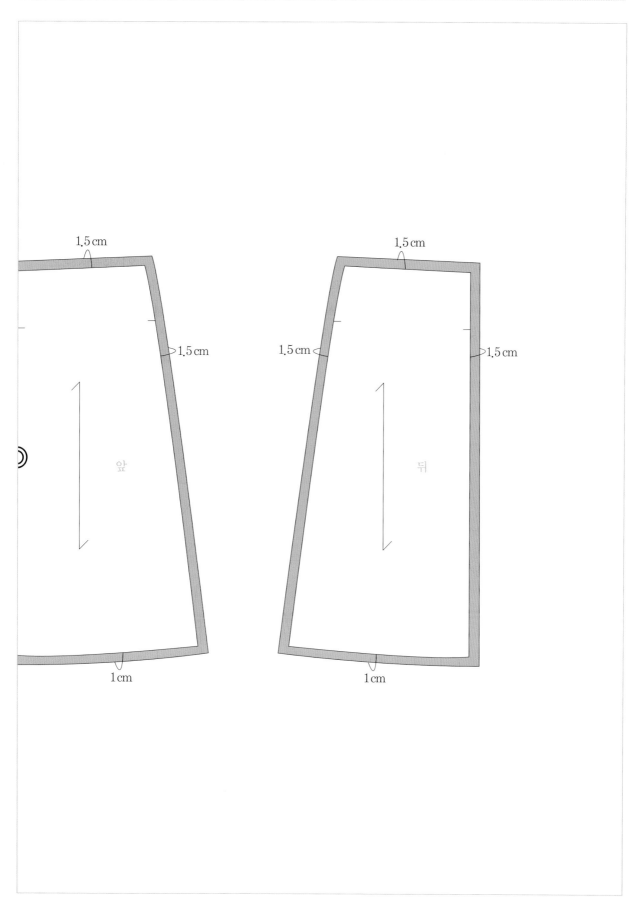

1.5 cm

1.5 cm

1.5 cm

1.5 cm

1.5 cm

앞

뒤

1 cm

1 cm

※ 원단의 겉과 겉끼리 식서 방향으로 접어 놓은 상태이다.

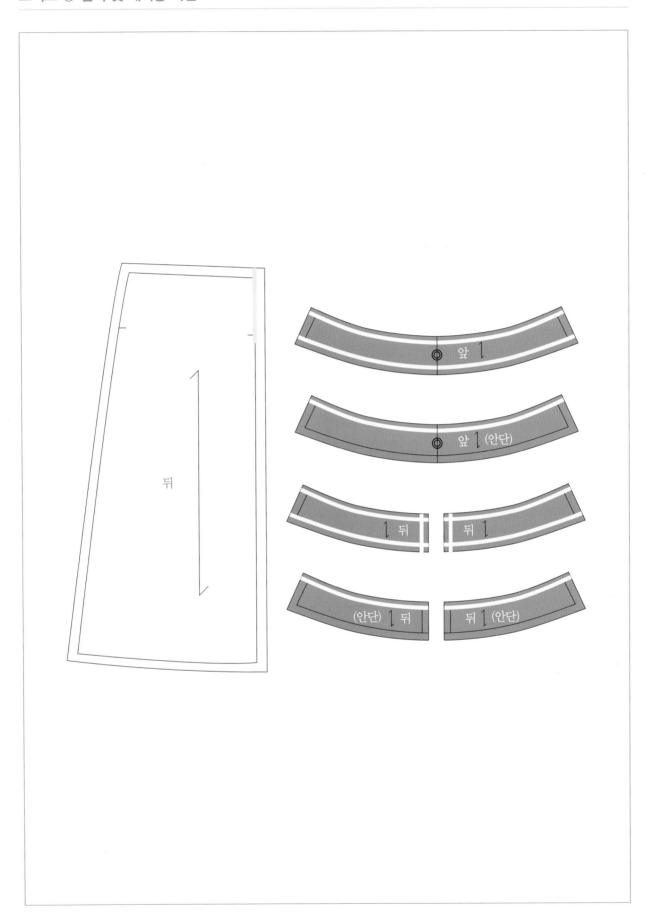

1 앞판 만들기

1 주름을 잡아 스팀을 주면서 다림질한다.
A를 가지고 주름을 잡은 B의 모양이다.

패턴 A

패턴 B

2 주름을 잡아 다림질한 후 박음질 또는 시침질로 고정한다.
주름 방향은 옆선으로 향하게 한다.

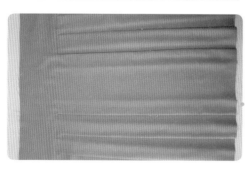

3 원판 스커트에 양쪽으로 주름을 끼워 박음질한다.

왼쪽 주름   원판

왼쪽 주름과 원판 모양

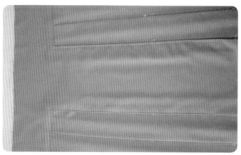

4 시접을 위로 올려놓은 상태에서 겉면에 장식 스티치 0.3cm로 박음질한다.

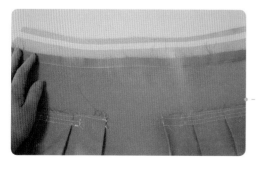

5 앞판 요크 밴드와 몸판 스커트의 겉과 겉끼리 마주 놓고 박음질한 후 시접을 위로 올려놓고 다림질한다.

겉면 앞판 요크 밴드

몸판 스커트

6 시접을 위로 올려놓은 상태에서 겉면에 장식 스티치 0.3cm로 박음질한다.

② 뒤판 만들기

1 뒤판 다트를 박음질한 후 우마에 올려놓고 시접을 중심 쪽으로 다림질한다. 뒤중심선은 박음질한 후 가름솔로 다림질한다.
지퍼를 달 부분은 남기고 박음질한다.

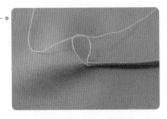

다트 끝부분은 실로 매듭을 지어 풀리지 않도록 세 번 묶어 준다.

2 다트를 박음질한 후 뒤판 요크 밴드와 겉과 겉끼리 마주 놓고 박음질한 후 시접을 위로 올려놓고 다림질한다.

겉면 뒤판 요크 밴드

겉면 뒤판

3 시접을 위로 올려놓은 상태에서 겉면에 장식 스티치 0.3cm로 박음질한다.

쇠 콘솔 노루발

③ 콘솔 지퍼 달기

1 콘솔 지퍼를 벌린 후 톱니를 펴서 납작하게 다림질한다.
다림질한 후 지퍼를 올리지 않는다. 지퍼를 올리면 다림질한 의미가 없다.

2 지퍼 상단을 손으로 꺾는다.

3 꺾은 상단을 초크로 표시한다.

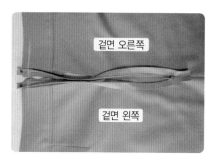

4 콘솔 지퍼를 달 위치에 올려놓는다.

5 콘솔 지퍼의 상단 부분과 시작점을 초크로 표시해 놓고 시침핀으로 고정한다.
왼쪽부터 콘솔 지퍼를 박음질한다.

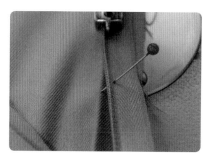

6 납작하게 다려 놓은 지퍼 끝선을 뒤선 완성선에 바짝 맞춰 박음질한다.
콘솔 지퍼 전용 노루발(쇠 콘솔 노루발)을 사용하면 편리하고 예쁘게 지퍼를 달 수 있다.

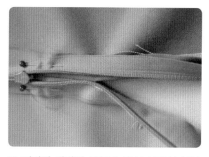

7 지퍼의 갈라진 부분과 뒤선 봉제선 부분이 같도록 핀으로 고정한다.

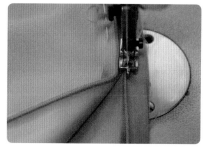

8 오른쪽은 아래쪽에서 위쪽으로 박음질한다.
왼쪽은 위쪽에서 아래쪽으로, 오른쪽은 아래쪽에서 위쪽으로 박음질한다.

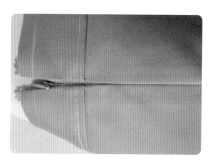

9 지퍼를 박음질한 후 지퍼 아래쪽 슬라이드를 잡아 위쪽으로 올린다.

4 앞판, 뒤판 연결하기

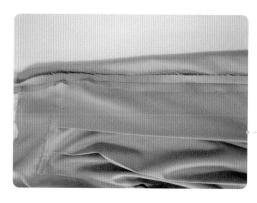

1 앞판, 뒤판의 겉과 겉끼리 옆선을 박음질한 후 우마에 올려 놓고 가름솔로 다림질한다.

우마

5 안감 만들기

1 앞판 요크 밴드 안단과 안감을 박음질한 후 시접을 아래로 놓고 다림질한다.

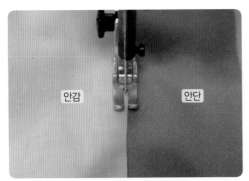

2 시접을 안감 쪽으로 내려놓고 0.2cm 폭으로 누름 상침한다.

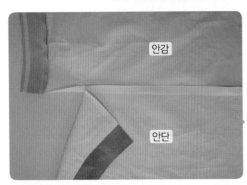

3 뒤판 중심선을 겉과 겉끼리 놓고 박음 질한 후 시접을 안감 쪽으로 내려놓고 0.2cm 폭으로 누름 상침한다.
지퍼를 달 부분은 남기고 박음질한다.

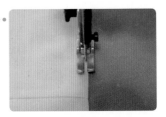

누름 상침하는 모양

4 앞판, 뒤판의 겉과 겉끼리 옆선을 박음 질한 후 우마에 올려놓고 시접은 뒤로 다림질한다.

⑥ 겉감·안감 연결하기

1 현재 겉감에 지퍼가 달린 상태이다. 손 으로 지퍼와 안감을 잡아서 안으로 들 어간다.
지퍼는 벌어져 있는 상태이다.

지퍼를 단 모양

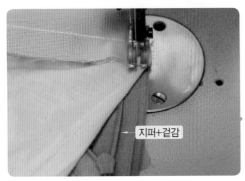

2 안으로 들어가서 안감을 위로 올려놓은 상태에서 박음질한다.
• 지퍼는 벌어져 있는 상태이다.
• 쇠 콘솔 노루발에서 일반 노루발로 교 체한다.

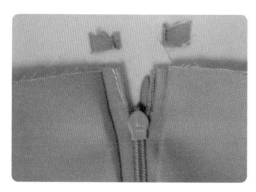

3 지퍼에 겉감과 안감을 박음질한 후 상단 위에 있는 지퍼는 가위로 자른다.

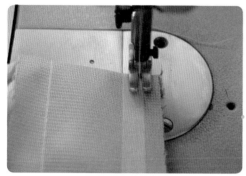

4 지퍼를 감싸 손으로 잡은 뒤 박음질한다.

지퍼를 감싸 손으로 잡은 모양

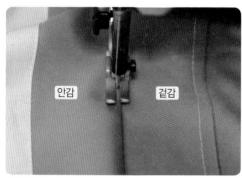

안감　겉감

5 4에서 박음질한 허리 시접은 안감 쪽으로 내려놓고 사이박음 0.2cm 폭으로 누름 상침한 후 우마에 올려놓고 다림질한다.

다림질하는 모양

6 우마에 올려 다림질한 후 겉면에서 장식 스티치 0.3cm로 박음질한다.

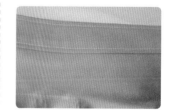

장식 스티치 0.3cm로
박음질한 모양

7 몸판과 안감 밑단 정리하기

1 스커트 밑단을 완성선에 맞추어 다림질한다.

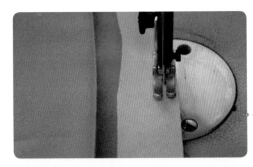

2 겉감 밑단에 바이어스테이프를 올려놓고 노루발 반 발 0.5cm 간격으로 박음질한다.
폭 3.5cm 바이어스테이프를 준비한다 (소재에 따라 폭 사이즈는 달라진다).

• 30쪽 바이어스테이프 만들기 방법 참고
32쪽 파이핑 가름솔 방법 참고

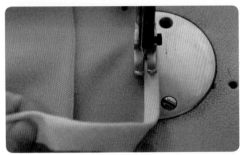

3 바이어스테이프로 시접을 감싸 테이프 끝에서 0.1cm 떨어진 위치를 박음질한다.

4 스커트 밑단을 완성선에 맞추어 공그 르기한다.

• 26쪽 공그르기 방법 참고

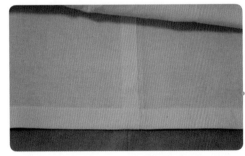

5 안감은 겉감 완성선 위치에서 2.5cm 위에 다림질한 후 말아박기 박음질한다.

• 말아박기 순서

❶ 완성선을 다림질한다.
❷ 다림질한 선의 절반을 접어 박음질한다.

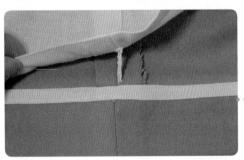

6 밑단 옆선 양쪽에 겉감과 안감을 실루프로 연결하여 고정한다.
실루프의 길이는 약 3~4cm

• 27쪽 실루프 방법 참고

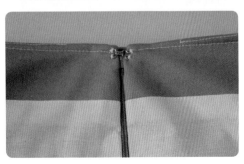

7 콘솔 지퍼를 단 위치 상단 안쪽에서 걸 고리를 단다.

앞면

뒷면

1 시험 시간

표준 시간 : 6시간 정도, 연장 시간 : 없음

2 요구 사항

※ 지급된 재료로 디자인과 같이 **H라인 요크 스커트**를 제작하시오.

① 제시된 디자인과 동일한 작품을 적용 치수에 맞게 제도, 재단하여 의복을 제작하시오.

　(지급받은 원단의 겉면과 안면(표면과 이면)은 수험자가 판단하여 작업하시오.)

② 제시된 디자인과 동일한 패턴 2부를 제도하여 1부는 재단에 사용하고, 다른 1부는 제작한 작품과 함께 채점용으로 제출하시오.

　(제출용 패턴 제도에는 기초선과 제도에 필요한 부호와 약자를 표시하며, 패턴지는 자르지 않고 제출합니다.)

③ 패턴 제도와 재단 시 먹지, 룰렛과 칼은 사용하지 마시오.

④ 완성 치수는 문제에 제시된 치수로 제작하고, 제시되지 않은 치수는 디자인에 맞게 제작하시오.

　스커트길이, 허리둘레, 엉덩이둘레, 엉덩이길이

3 도면

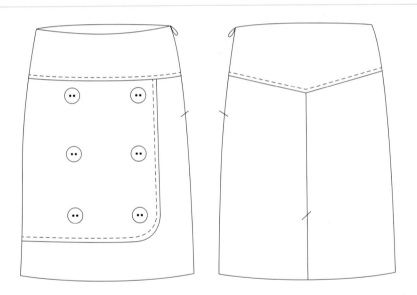

<table>
<tr><td>적용 치수</td></tr>
</table>

허리둘레 : 68cm
엉덩이둘레 : 92cm
엉덩이길이 : 18cm
스커트길이 : 55cm
뒤트임길이 : 13cm

지시 사항

• 스커트 밑단 바이어스 후 공그르기하시오.
• 스커트 앞, 뒤판에 요크선이 들어가며 장식용 랩이 달려있게 하시오.
• 안감 밑단은 접어박기하시오(겉감 2.5cm 위에 위치).
• 실고리, 겹트임 처리하시오.
• 장식 스티치는 전체 0.5cm로 하시오.
• 요크 옆솔기 허리선 9cm로 하시오.
• 뒤트임 13cm로 하시오.

※ 매 시험마다 적용 치수와 지시 사항은 다르게 출제될 수 있다.

비번호		성명	

도식화 (앞)   (뒤)

봉제 시 유의사항

- 겉감, 안감 식서 방향에 주의하시오.
- 심지는 밀리지 않도록 다림질에 유의하시오.
- 장식 스티치는 전체 0.5cm로 하시오.
- 뒤트임 13cm로 하시오.
- 요크 옆허리선은 9cm 내려오게 하고, 뒤판 요크의 사선 각도는 비례에 맞게 하시오.
- 허리 요크, 지퍼 다는 부분 심지 작업 및 다대 테이프 붙이기
- 밑단 바이어스 처리 후 공그르기하시오.
- 지퍼는 밀리지 않게 다시오.
- 밑단 옆선에 양쪽으로 실고리하시오.
- 앞판에 장식용 랩이 달려 있게 하시오.
- 안감 밑단은 접어박기하시오(겉감 2.5cm 위에 위치).
- size 절대 준수

원 · 부자재 소요량

자재명	규격	단위	소요량
겉감	110cm	cm	150
안감	110cm	cm	150
심지	110cm	cm	90
재봉실	60s/3합	com	1
다대 테이프	10mm	cm	200
콘솔 지퍼	25cm	EA	1
단추	15mm	EA	6
걸고리		쌍	1

※ 매 시험마다 적용치수가 다를 수 있으니 시험지에 있는 지시사항과 원·부자재 규격, 소요량을 잘 쓰고, 각각 5개 이상 맞으면 주어진 배점으로 만점으로 인정됩니다.
※ 작업 지시서 작성은 반드시 흑색 또는 청색 필기구를 사용하여야 합니다(연필로 작성하면 무효 처리).

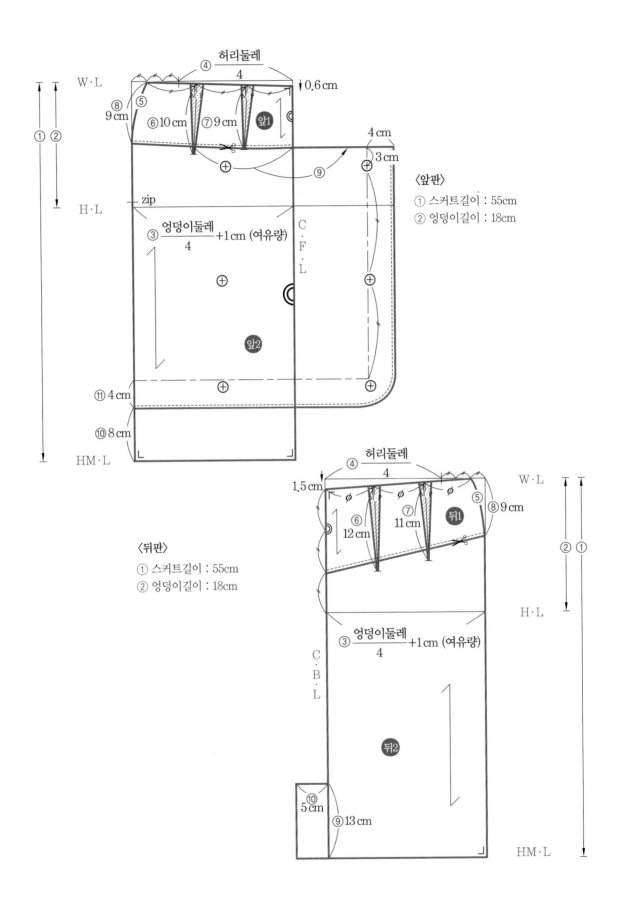

〈앞판〉
① 스커트길이 : 55cm
② 엉덩이길이 : 18cm

〈뒤판〉
① 스커트길이 : 55cm
② 엉덩이길이 : 18cm

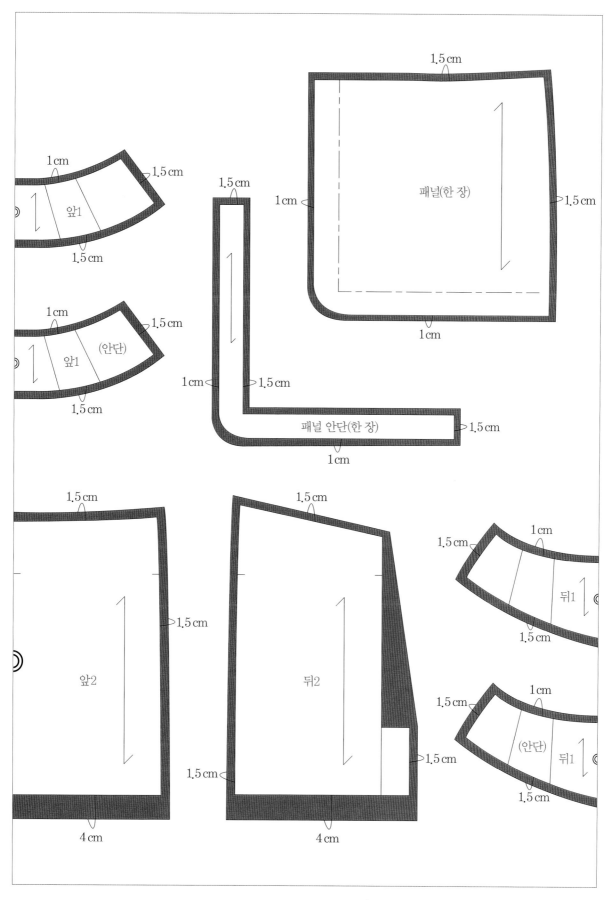

1.5 cm

1 cm   1.5 cm

앞1   1.5 cm

1.5 cm

패널(한 장)   1.5 cm

1 cm

1.5 cm

1 cm   1.5 cm

앞1   (안단)

1.5 cm

1 cm   1.5 cm

패널 안단(한 장)   1.5 cm

1 cm

1.5 cm   1 cm

뒤1

1.5 cm

1.5 cm

앞2   뒤2   1.5 cm

1.5 cm   1.5 cm   1.5 cm   (안단)   뒤1

4 cm   4 cm   1.5 cm

※ 원단의 겉과 겉끼리 식서 방향으로 접어 놓은 상태이다.

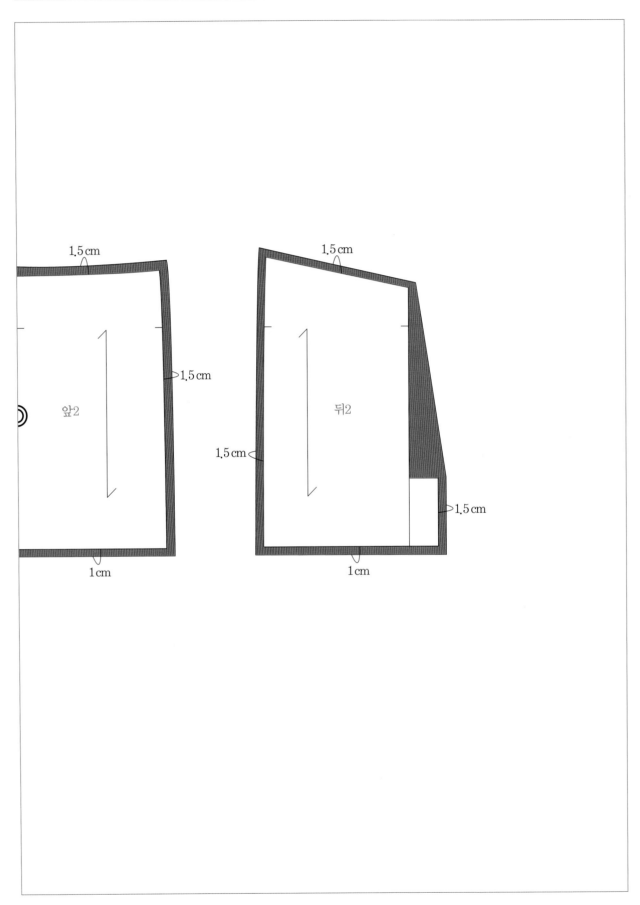

※ 원단의 겉과 겉끼리 식서 방향으로 접어 놓은 상태이다.

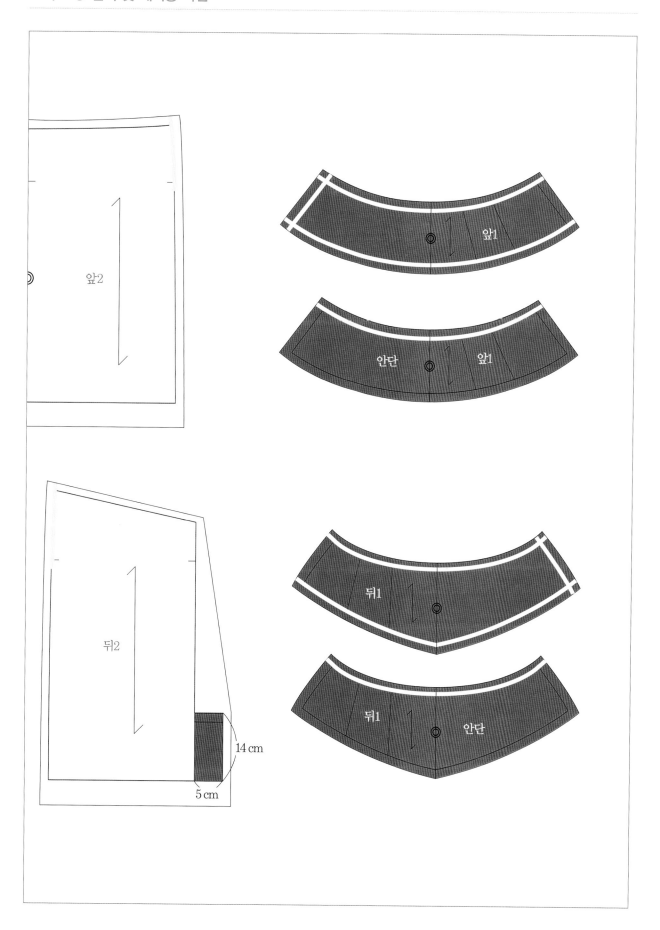

◀1▶ 앞판 만들기

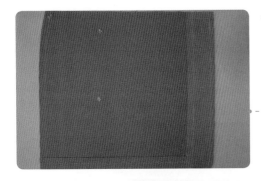

1 패널 안단과 패널을 겉과 겉끼리 마주 놓는다.

● 랩 안쪽 안감 처리

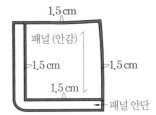

183쪽 (겉감 패턴 참고)
패널 안감 (시접 1.5cm)을 주고 패널 안단과 겉과 겉끼리 마주 놓고 박음질한다.

2 패널 안단과 패널을 겉과 겉끼리 마주 놓고 박음질한다.

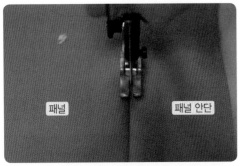

3 박음질한 패널 안단과 패널을 겉면에서 시접을 패널 안단 쪽으로 놓고 0.2cm 폭으로 누름 상침한다.

패널 모서리 모양

4 패널을 잘 정리하여 다림질한다.

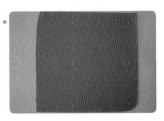

장식 스티치 0.5cm로 박음질한 모양

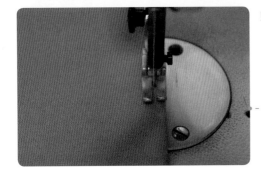

5 패널 겉면에서 장식 스티치 0.5cm로 박음질한다.

확대 모양

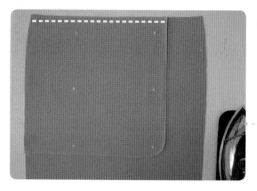

6 앞판 위에 패널을 올려놓고 움직이지 않게 박음질 또는 시침질로 고정한다.

확대 모양

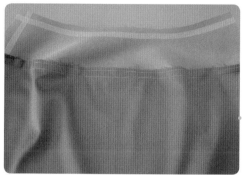

7 앞판 요크 밴드와 앞판의 겉과 겉끼리 마주 놓고 박음질한 후 시접을 위로 올려놓고 다림질한다.

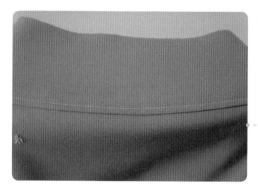

8 시접을 위로 올려놓은 상태에서 겉면에 장식 스티치 0.5cm로 박음질한다.

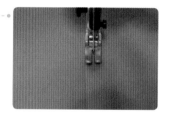

박음질하는 확대 모양

2 뒤판 만들기

1 뒤판을 겉과 겉끼리 마주 놓는다.

2 뒤판 왼쪽의 안쪽에 완성선을 초크 또는 실표뜨기로 표시한다.

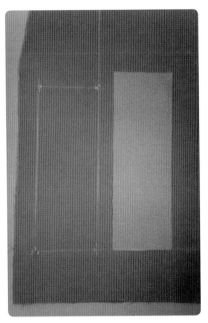

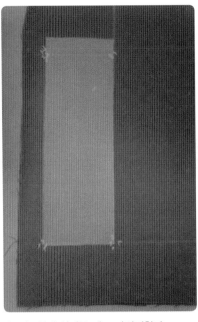

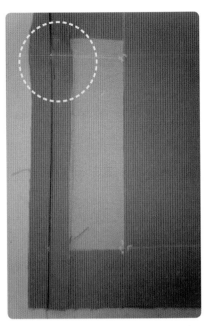

3 뒤트임에 붙일 심지를 준비한다.
　폭 : 5cm, 길이 14cm

4 뒤트임에 심지를 대고 다림질한다.

5 시접을 다림질한 후 움직이지 않게 핀으로 고정한다.

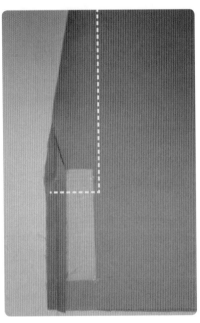

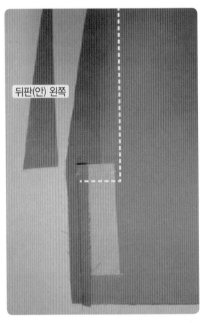

뒤판(안) 왼쪽

6 뒤중심선 위에서부터 핀으로 고정한 부분까지 박음질한다.

7 박음질한 후 한쪽 시접만 가위로 자른다.

8 자른 시접 방향으로 자르지 않은 시접을 덮어 다림질한다.

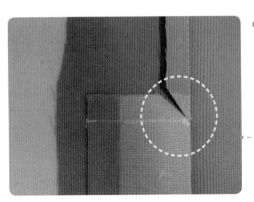

9 모서리는 사선으로 가위집을 준다.

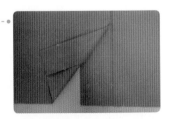

뒤트임 겉면에서 본 모양

10 뒤판 요크 밴드와 뒤판의 겉과 겉끼
리 마주 놓고 박음질한 후 시접을 위
로 올려놓고 다림질한다.

겉면 뒤판 요크 밴드

뒤판

11 시접을 위로 올려놓은 상태에서 겉면
에 장식 스티치 0.5cm로 박음질한다.

박음질하는 확대 모양

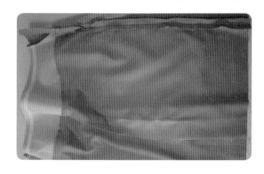

12 잎판, 뒤판의 겉과 겉끼리 옆선을 박
음질한 후 우마에 올려놓고 가름솔로
다림질한다.

③ 콘솔 지퍼 달기

쇠 콘솔 노루발

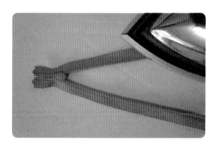

1 콘솔 지퍼를 벌린 후 톱니를 펴서 납작하
게 다림질한다.
다림질한 후 지퍼를 올리지 않는다. 지퍼
를 올리면 다림질한 의미가 없다.

초크 표시

2 지퍼 상단을 손으로 꺾어 초크로 표시
한다.

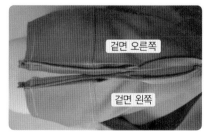

겉면 오른쪽

겉면 왼쪽

3 콘솔 지퍼를 달 위치에 올려놓는다.

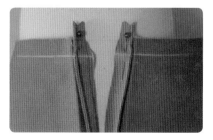

4 콘솔 지퍼의 상단 부분과 시작점을 초크
로 표시해 놓고 시침핀으로 고정한다.
왼쪽부터 콘솔 지퍼를 박음질한다.

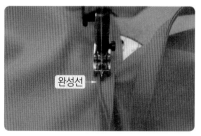

완성선

5 납작하게 다려 놓은 지퍼 끝선을 옆선 완
성선에 바짝 맞춰 박음질한다.
콘솔 지퍼 전용 노루발(쇠 콘솔 노루발)
을 사용하면 편리하고 예쁘게 지퍼를 달
수 있다.

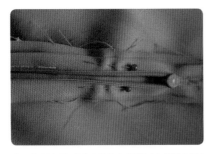

6 지퍼의 갈라진 부분과 옆선 봉제선 부분이 같도록 핀으로 고정한다.

7 오른쪽은 아래쪽에서 위쪽으로 박음질한다.
왼쪽은 위쪽에서 아래쪽으로, 오른쪽은 아래쪽에서 위쪽으로 박음질한다.

8 지퍼를 박음질한 후 지퍼 아래쪽 슬라이드를 잡아 위쪽으로 올린다.

④ 안감 만들기

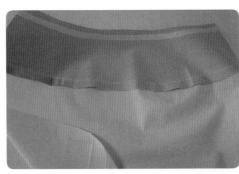

1 앞판 요크 밴드 안단과 안감을 박음질한 후 시접을 아래로 다림질한다.

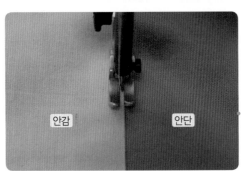

안감 안단

확대 모양

2 시접을 안감 쪽으로 내려놓고 0.2cm 폭으로 누름 상침한다.

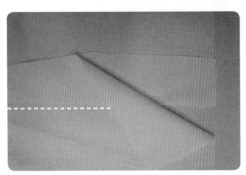

3 뒤중심선을 박음질한다.
트임 부분은 박음질하지 않는다.

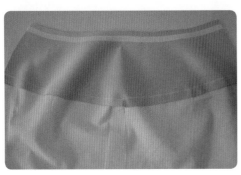

4 뒤판 요크 밴드 안단과 안감을 박음질한 후 시접을 아래로 다림질한다.

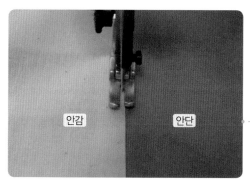

확대 모양

5 시접을 안감 쪽으로 내려놓고 0.2cm 폭으로 누름 상침한다.

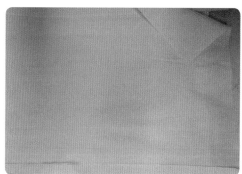

6 앞판, 뒤판의 겉과 겉끼리 옆선을 박음 질한 후 우마에 올려놓고 시접은 뒤판 쪽으로 다림질한다.
지퍼를 달 부분은 남기고 박음질한다.

5 겉감·안감 연결하기

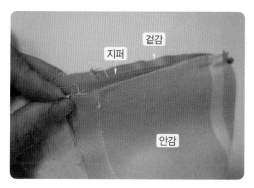

1 현재 겉감에 지퍼가 달린 상태이다. 손 으로 지퍼와 안감을 잡아서 안으로 들어 간다.
지퍼는 벌어져 있는 상태이다.

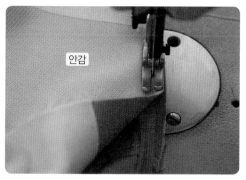

2 안으로 들어가서 안감을 위로 올려놓은 상태에서 박음질한다.
• 지퍼는 벌어져 있는 상태이다.
• 쇠 콘솔 노루발에서 일반 노루발로 교 체한다.

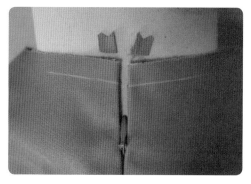

3 지퍼에 겉감과 안감을 박음질한 후 상 단 위에 있는 지퍼는 가위로 자른다.

4 지퍼를 감싸 손으로 잡은 뒤 박음질
한다.

지퍼를 감싸 손으로 잡은 모양

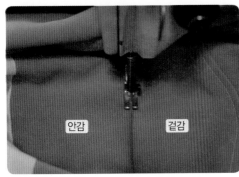

안감　겉감

5 4에서 박음질한 허리 시접은 안감 쪽
으로 내려놓고 사이박음 0.2cm 폭으로
누름 상침한 후 우마에 올려놓고 다림
질한다.

다림질하는 모양

⑥ 몸판과 안감 밑단 정리하기

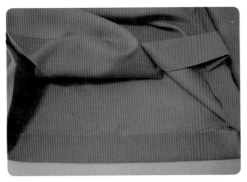

1 스커트 밑단을 완성선에 맞추어 다림질
한다.

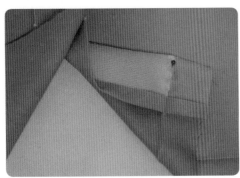

2 뒤트임 넓은 시접을 겉과 겉끼리 마주
놓고 핀으로 꽂아 놓은 완성선을 박음
질한다.

3 밑단 완성선에 가로로 박음질한 후 뒤
집는다.

안에서 본 왼쪽 뒤트임

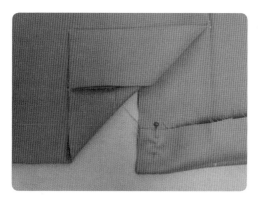

4 뒤트임 좁은 시접을 겉과 겉끼리 마주
 놓고 핀으로 꽂아 놓은 완성선을 박음
 질한다.

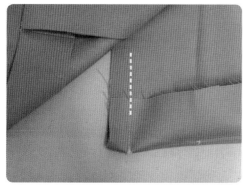

5 세로로 박음질한 후 뒤집는다.

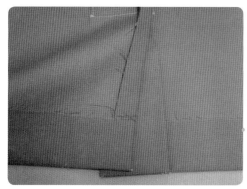

6 뒤트임 완성본(안쪽)

뒤트임 완성본(겉면)

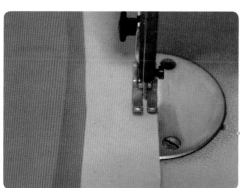

7 겉감 밑단에 바이어스테이프를 올려놓
 고 노루발 반 발 0.5cm 간격으로 박음
 질한다.
 폭 3.5cm 바이어스테이프를 준비한다
 (소재에 따라 폭 사이즈는 달라진다).

• 바이어스테이프 연결 방법

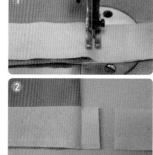

8 바이어스테이프로 시접을 감싸 테이프
 끝에서 0.1cm 떨어진 위치를 박음질한다.

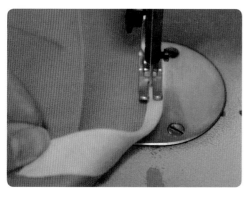

30쪽 바이어스테이프 만들기 방법
참고
32쪽 파이핑 가름솔 방법 참고

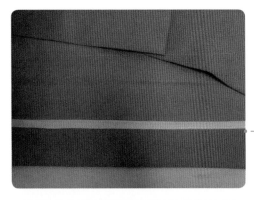

9 스커트 밑단을 완성선에 맞추어 공그르기한다.

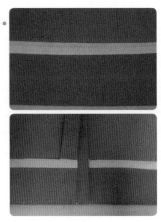

완성본

10 안감은 겉감 완성선 위치에서 2.5cm 위에 다림질한 후 말아박기 박음질한다.

- 말아박기 순서
  ❶ 완성선을 다림질한다.
  ❷ 다림질한 선의 절반을 접어 박음질한다.

11 뒤트임 시접을 잘 정리하여 공그르기한다.

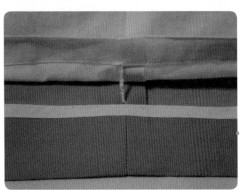

12 밑단 옆선 양쪽에 겉감과 안감을 실루프로 연결하여 고정한다.
실루프의 길이는 약 3~4cm

- 27쪽 실루프 방법 참고

7 단추 달기

앞면

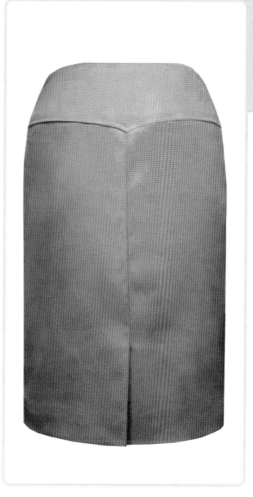

뒷면

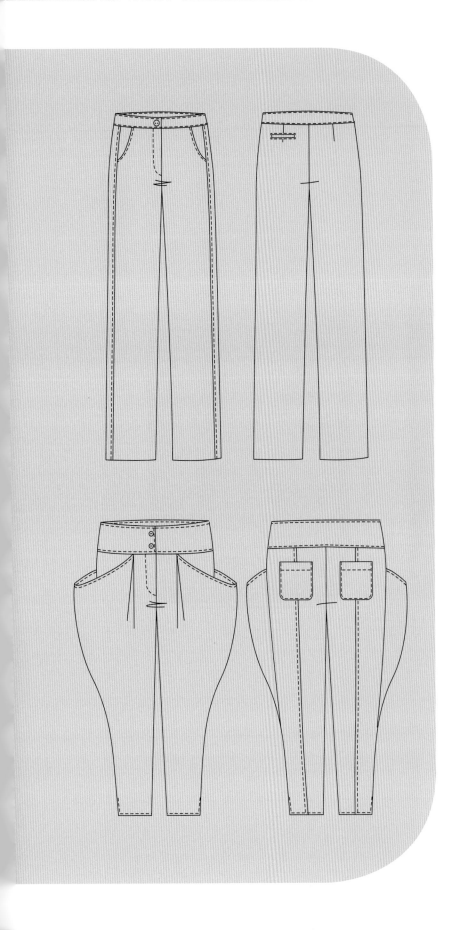

팬츠

■ 일자형 팬츠
■ 배기팬츠

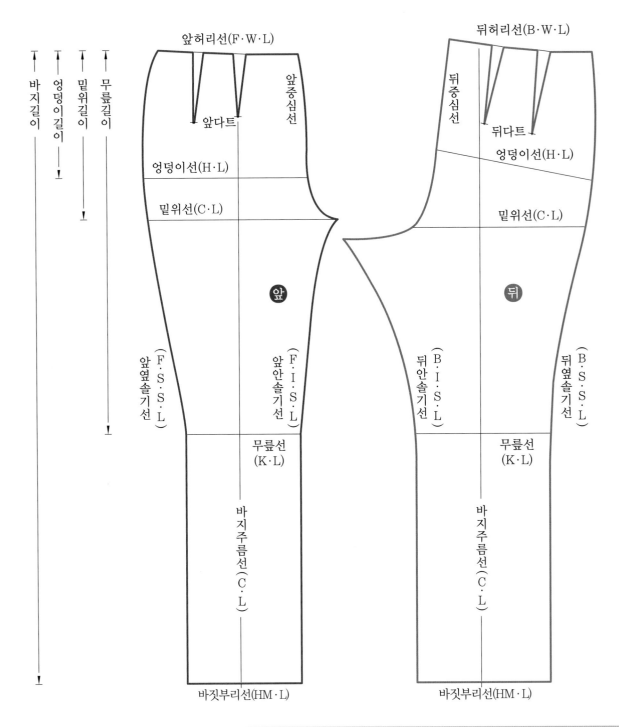

용어	약어	영어	용어	약어	영어
허리선	W·L	Waist Line	뒤안솔기선	B·I·S·L	Back In Seam Line
엉덩이선	H·L	Hip Line	앞옆솔기선	F·S·S·L	Front Side Seam Line
밑위선	C·L	Crotch Line	뒤옆솔기선	B·S·S·L	Back Side Seam Line
무릎선	K·L	Knee Line	바지주름선	C·L	Crease Line
다트	Dart	Dart	바짓부리선	HM·L	Hem Line
앞안솔기선	F·I·S·L	Front In Seam Line			

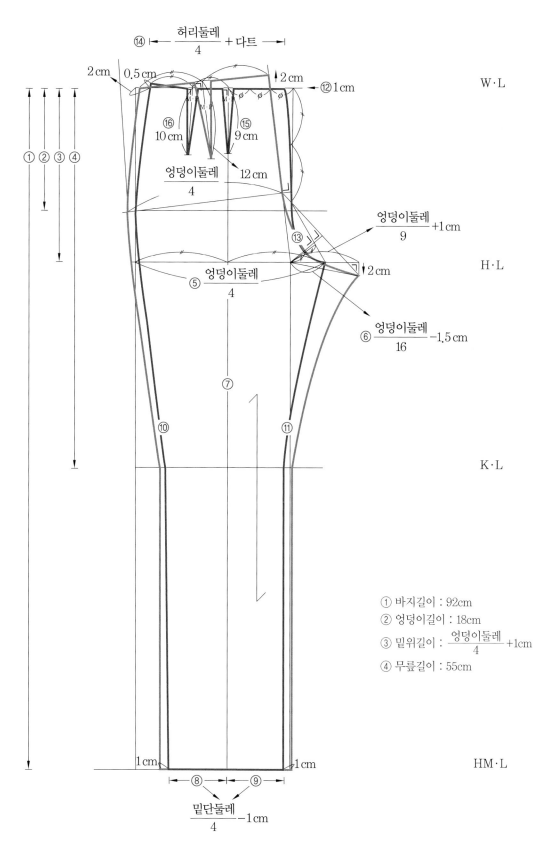

① 바지길이 : 92cm

② 엉덩이길이 : 18cm

③ 밑위길이 : $\dfrac{\text{엉덩이둘레}}{4} + 1\text{cm}$

④ 무릎길이 : 55cm

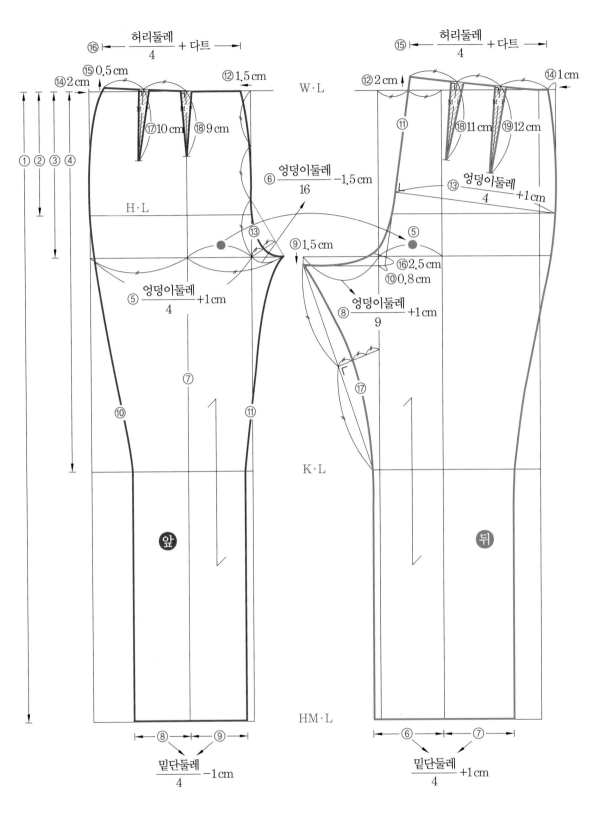

⑯ ←— $\dfrac{\text{허리둘레}}{4}$ + 다트 —→

⑮ 0.5 cm

⑭ 2 cm

⑫ 1.5 cm

W·L

⑰ 10 cm ⑱ 9 cm

① ② ③ ④

⑥ $\dfrac{\text{엉덩이둘레}}{16}$ −1.5 cm

H·L

⑬

⑨ 1.5 cm

⑤ $\dfrac{\text{엉덩이둘레}}{4}$ +1 cm

⑦

⑩ ⑪

K·L

앞

HM·L

←— ⑧ —→ ←— ⑨ —→

$\dfrac{\text{밑단둘레}}{4}$ −1 cm

⑮ ←— $\dfrac{\text{허리둘레}}{4}$ + 다트 —→

⑫ 2 cm

⑭ 1 cm

⑪

⑱ 11 cm ⑲ 12 cm

⑬ $\dfrac{\text{엉덩이둘레}}{4}$ +1 cm

⑤

⑯ 2.5 cm

⑩ 0.8 cm

⑧ $\dfrac{\text{엉덩이둘레}}{9}$ +1 cm

⑰

뒤

←— ⑥ —→ ←— ⑦ —→

$\dfrac{\text{밑단둘레}}{4}$ +1 cm

〈앞판〉

① 바지길이 : 92cm

② 엉덩이길이 : 18cm

③ 밑위길이 : $\dfrac{\text{엉덩이둘레}}{4}$ +1cm

④ 무릎길이 : 55cm

〈뒤판〉

① 바지길이 : 92cm

② 엉덩이길이 : 18cm

③ 밑위길이 : $\dfrac{\text{엉덩이둘레}}{4}$ +1cm

④ 무릎길이 : 55cm

팬츠 원형의 제도 설계 순서 과정 '앞판'

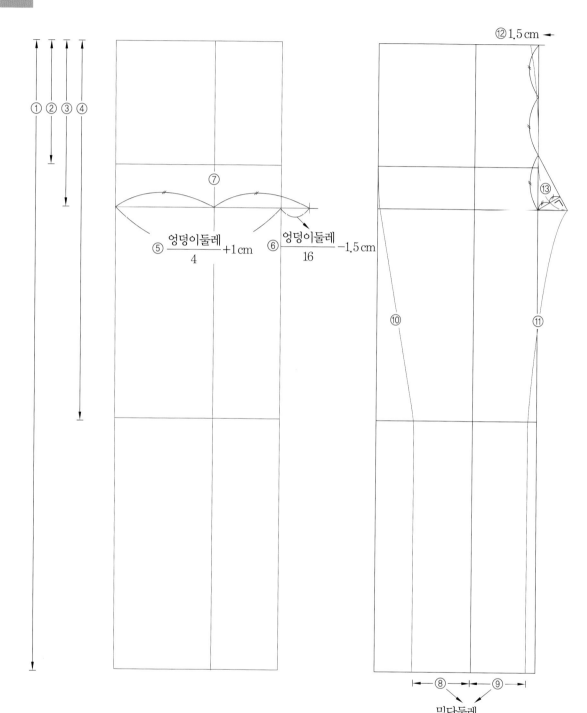

적용 치수

허리둘레 : 68cm
엉덩이둘레 : 92cm

엉덩이길이 : 18cm
팬츠밑단둘레 : 38cm

바지길이 : 92cm

⑤ $\dfrac{엉덩이둘레}{4}$ +1cm

⑥ $\dfrac{엉덩이둘레}{16}$ -1.5cm

⑦

⑫ 1.5cm

⑬

⑩   ⑪

⑧   ⑨

$\dfrac{밑단둘레}{4}$ -1cm

① 바지길이 : 92cm

② 엉덩이길이 : 18cm

③ 밑위길이 : $\dfrac{엉덩이둘레}{4}$ +1cm

④ 무릎길이 : 55cm

⑤ $\dfrac{엉덩이둘레}{4}$ +1cm

⑥ $\dfrac{엉덩이둘레}{16}$ -1.5cm

⑦ 2등분하여 직선 그리기(바지주름)

⑧, ⑨ $\dfrac{밑단둘레}{4}$ -1cm

⑩ 무릎선까지 연결하기

⑪ 무릎선까지 연결하기

⑫ 안으로 1.5cm

⑬ 3등분하여 2등분 자연스럽게 연결하기

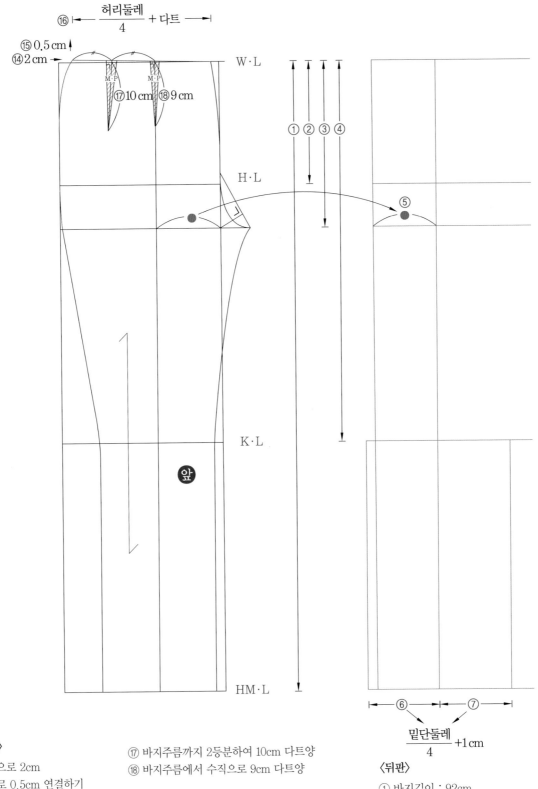

⑯ $\dfrac{\text{허리둘레}}{4}$ + 다트

⑮ 0.5 cm

⑭ 2 cm

W·L

⑰ 10 cm ⑱ 9 cm

① ② ③ ④

H·L

⑤

K·L

앞

HM·L

⑥ ⑦

$\dfrac{\text{밑단둘레}}{4}$ +1 cm

〈앞판〉

⑭ 안으로 2cm

⑮ 위로 0.5cm 연결하기

⑯ $\dfrac{\text{허리둘레}}{4}$ +다트(3.5cm)

⑰ 바지주름까지 2등분하여 10cm 다트양

⑱ 바지주름에서 수직으로 9cm 다트양

마무리
- 식서 방향으로 표시
- 앞판 표시
- W·L, H·L, K·L, HM·L 표시

〈뒤판〉

① 바지길이 : 92cm

② 엉덩이길이 : 18cm

③ 밑위길이 : $\dfrac{\text{엉덩이둘레}}{4}$ +1cm

④ 무릎길이 : 55cm

⑤ 앞판에서 이동하여 직선 그리기(바지주름)

⑥ $\dfrac{\text{밑단둘레}}{4}$ +1cm, 무릎선까지 직선 그리기

⑦ $\dfrac{\text{밑단둘레}}{4}$ +1cm, 무릎선까지 직선 그리기

※ 총 허리둘레에서 주어진 허리둘레(68cm)를 뺀 나머지가 다트양이다.

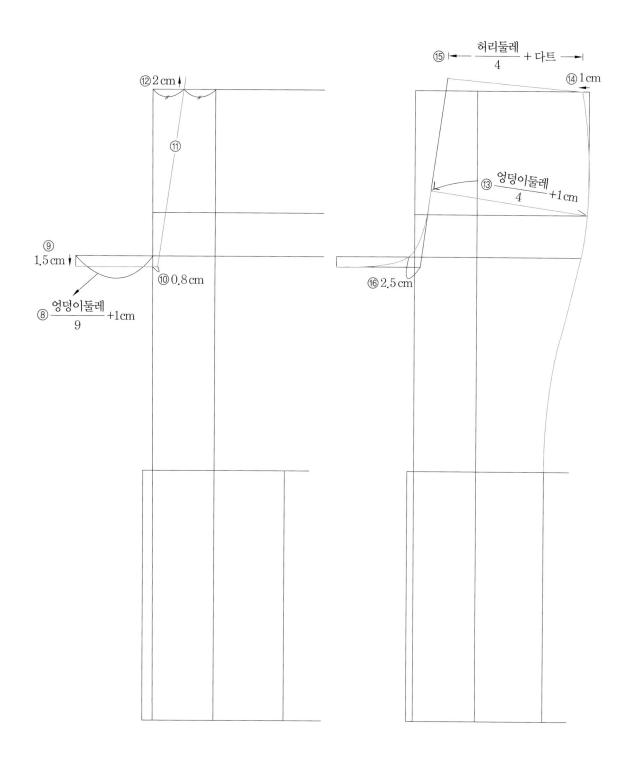

⑧ $\dfrac{\text{엉덩이둘레}}{9}+1\text{cm}$

⑨ 1.5cm 내리고 직선 그리기

⑩ 0.8cm

⑪ 바지주름에서 2등분하여 직선 그리기

⑫ 2cm 올리기

⑬ $\dfrac{\text{엉덩이둘레}}{4}+1\text{cm}$ 직각으로 그리기

⑭ 1cm 이동 후 자연스럽게 연결하기

⑮ $\dfrac{\text{허리둘레}}{4}+$다트(3.5cm)

⑯ 45° 방향으로 2cm 나간 지점 자연스럽게 연결하기

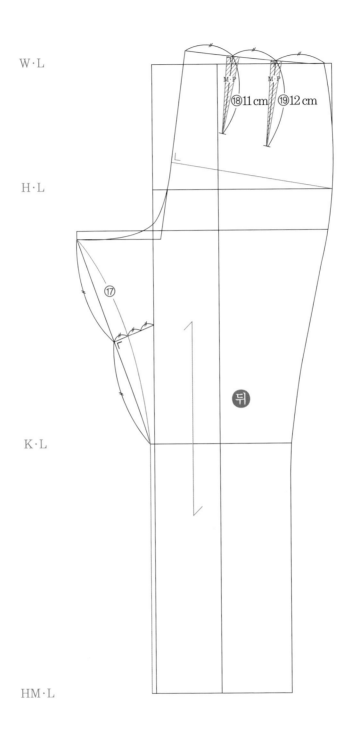

W·L

H·L

⑱11 cm ⑲12 cm

마무리

⑰

뒤

K·L

HM·L

⑰ 직선 연결하기
  2등분한 후 3등분하여 자연스럽게
  연결하기
⑱ 3등분하여 11cm 다트양
⑲ 12cm 다트양

마무리
• 식서 방향 표시
• 뒤판 표시
• W·L, H·L, K·L, HM·L 표시

※ 총 허리둘레에서 주어진 허리둘레(68cm)를 뺀 나머지가 다트양이다.

1 시험 시간

표준 시간 : 6시간 정도, 연장 시간 : 없음

2 요구 사항

※ 지급된 재료로 디자인과 같이 **일자형 팬츠**를 제작하시오.

① 제시된 디자인과 동일한 작품을 적용 치수에 맞게 제도, 재단하여 의복을 제작하시오.

　(지급받은 원단의 겉면과 안면(표면과 이면)은 수험자가 판단하여 작업하시오.)

② 제시된 디자인과 동일한 패턴 2부를 제도하여 1부는 재단에 사용하고, 다른 1부는 제작한 작품과 함께 채점용
　으로 제출하시오.

　(제출용 패턴 제도에는 기초선과 제도에 필요한 부호와 약자를 표시하며, 패턴지는 자르지 않고 제출합니다.)

③ 패턴 제도와 재단 시 먹지, 룰렛과 칼은 사용하지 마시오.

④ 완성 치수는 문제에 제시된 치수로 제작하고, 제시되지 않은 치수는 디자인에 맞게 제작하시오.

　허리둘레, 밑위길이, 엉덩이둘레, 팬츠밑단둘레, 팬츠길이

3 도면

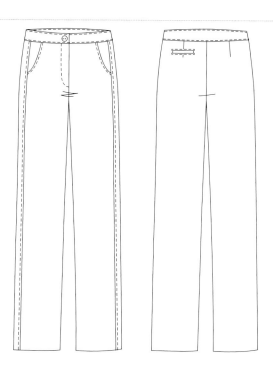

적용 치수

허리둘레 : 68cm
엉덩이둘레 : 92cm
엉덩이길이 : 18cm
밑위길이 : 25cm
팬츠밑단둘레 : 38cm
팬츠길이 : 92cm

지시 사항

• 벨트는 허리선에서 2cm 내린 위치에서 골반
　벨트로 하시오.
• 골반 벨트는 4cm로 하시오.
• 옆선 라인은 3cm로 넣으시오.
• 단춧구멍 버튼홀로 2.5cm로 하시오.
• 앞판 사선 포켓은 15cm 길이로 하시오.

• 팬츠 뒤판은 입술 포켓 장식 13×1.5로 하시오.
• 주머니는 통솔로 하시오.
• 앞판 절개 쌈솔 처리하시오.
• 앞선·옆선 시접 끝박음질 & 가름솔하시오.
• 장식 스티치는 전체 0.5cm로 하시오.
• 밑단 시접은 끝박음하여 새발뜨기하시오.

※ 매 시험마다 적용 치수와 지시 사항은 다르게 출제될 수 있다.

비번호		성명	

도식화 (앞)　　　　　　　　(뒤)

봉제 시 유의사항	원 · 부자재 소요량			
	자재명	규격	단위	소요량

· 겉감 식서 방향에 주의하시오.

· 심지는 밀리지 않도록 다림질에 유의하시오.

· 장식 스티치는 전체 0.5cm로 하시오.

· 벨트, 포켓부분 심지 작업 및 다대 테이프 붙이기

· 지퍼는 밀리지 않게 다시오.

· 밑단 시접은 끝박음하여 새발뜨기하시오.

· 단춧구멍 버튼홀 스티치 2.5cm로 하시오.

· 벨트는 허리선에서 2cm 내린 위치에서 골반 벨트로 하시오.

· 주머니는 통솔로 하시오.

· 옆선 라인은 3cm로 하시오.

· 앞판 사선 포켓은 15cm 길이로 하시오.

· size 절대 준수

자재명	규격	단위	소요량
겉감	110cm	cm	220
심지	110cm	cm	90
재봉실	60s/3합	com	1
다대 테이프	10mm	cm	200
단추	20mm	EA	1
바지 지퍼	23cm	EA	1

※ 매 시험마다 적용치수가 다를 수 있으니 시험지에 있는 지시사항과 원·부자재 규격, 소요량을 잘 쓰고, 각각 5개 이상 맞으면 주어진 배점으로 만점으로 인정됩니다.

※ 작업 지시서 작성은 반드시 흑색 또는 청색 필기구를 사용하여야 합니다(연필로 작성하면 무효 처리).

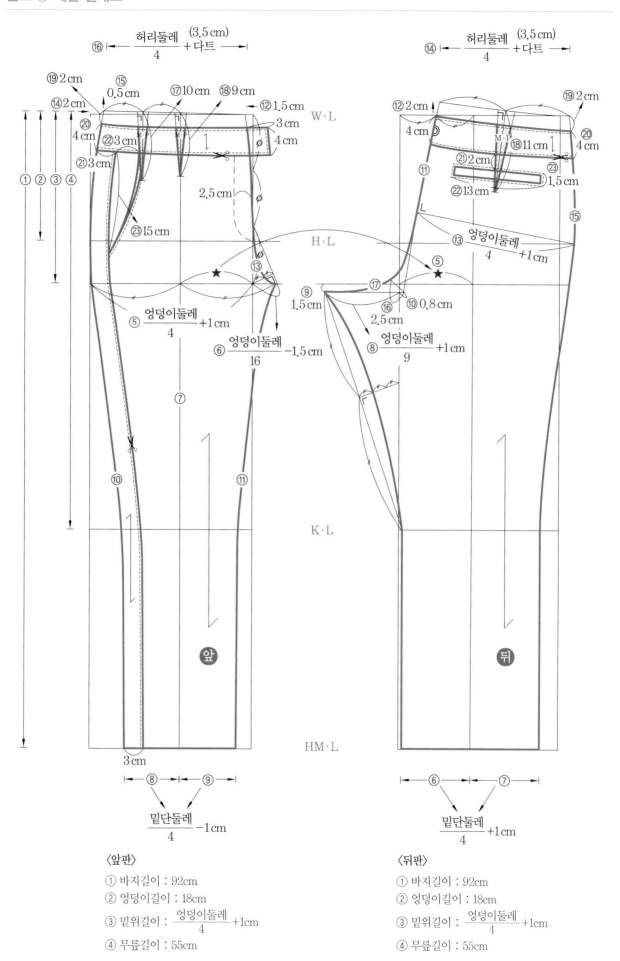

⑯ $\dfrac{\text{허리둘레}}{4}$ $\dfrac{(3.5\,\text{cm})}{+\text{다트}}$

⑲ 2 cm
⑮ 0.5 cm
⑰ 10 cm
⑱ 9 cm
⑫ 1.5 cm
⑭ 2 cm
W·L
3 cm
⑳ 4 cm
⑫ 3 cm
4 cm
φ
㉑ 3 cm
2.5 cm
φ
㉓ 15 cm
H·L
φ
⑬
★
⑤ $\dfrac{\text{엉덩이둘레}}{4}$ +1 cm
⑥ $\dfrac{\text{엉덩이둘레}}{16}$ −1.5 cm
⑦
⑩
⑪
K·L
앞
HM·L
3 cm
⑧ ⑨
$\dfrac{\text{밑단둘레}}{4}$ −1 cm

⑭ $\dfrac{\text{허리둘레}}{4}$ $\dfrac{(3.5\,\text{cm})}{+\text{다트}}$

⑫ 2 cm
⑲ 2 cm
4 cm
⑳ 4 cm
⑪
⑱ 11 cm
㉑ 2 cm
㉓ 1.5 cm
㉒ 13 cm
⑮
⑬ $\dfrac{\text{엉덩이둘레}}{4}$ +1 cm
★
⑤
⑨ 1.5 cm
⑰
⑯
⑩ 0.8 cm
2.5 cm
⑧ $\dfrac{\text{엉덩이둘레}}{9}$ +1 cm
뒤
⑥ ⑦
$\dfrac{\text{밑단둘레}}{4}$ +1 cm

〈앞판〉
① 바지길이 : 92cm
② 엉덩이길이 : 18cm
③ 밑위길이 : $\dfrac{\text{엉덩이둘레}}{4}$ +1cm
④ 무릎길이 : 55cm

〈뒤판〉
① 바지길이 : 92cm
② 엉덩이길이 : 18cm
③ 밑위길이 : $\dfrac{\text{엉덩이둘레}}{4}$ +1cm
④ 무릎길이 : 55cm

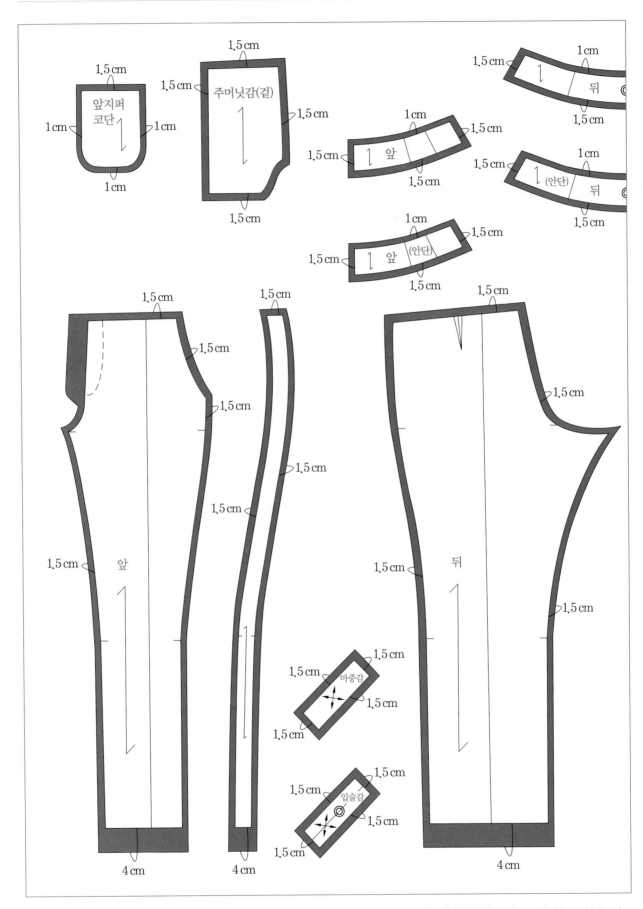

※ 원단의 겉과 겉끼리 식서 방향으로 접어 놓은 상태이다.

팬츠 ⑨ 패턴 배치도 및 시접(안감)

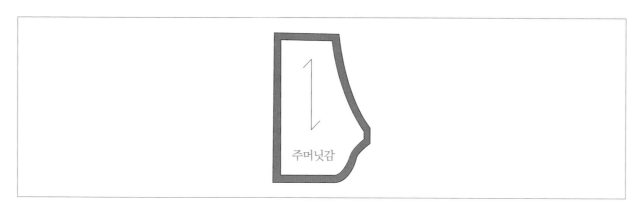

※ 원단의 겉과 겉끼리 식서 방향으로 접어 놓은 상태이다.

팬츠 ⑨ 심지 및 테이핑 작업

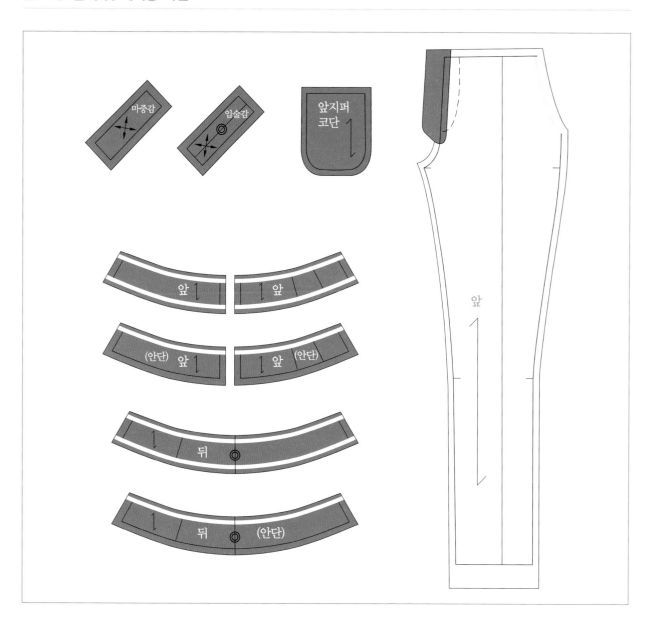

1 앞판 주머니 만들기

1 주머니 입구에 심지를 접착한다.

2 주머니 안감과 앞판을 겉과 겉끼리 마주 놓는다.

3 박음질한 후 시접을 0.5cm 남겨 두고 자른다.

4 주머니 안감을 넘긴다.

5 시접은 주머니 안감 쪽으로 놓고 0.1~ 0.2cm로 박음질한다.

6 주머니 안감을 넘겨 앞판과 주머니 안감을 다림질한다.

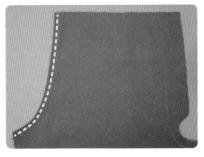

7 주머니 입구에서 장식 스티치 0.5cm로 박음질한다.

8 안쪽을 보게 한다.

9 주머니 겉감을 준비한다.

10 주머니 겉감과 주머니 안감을 안과 안끼리 놓고 핀으로 고정한다.
주머니 통솔로 한다.
34쪽 통솔 방법 참고

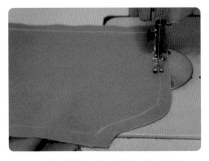

11 주머니 가장자리 시접을 박음질한다.

12 주머닛감을 안과 안끼리 박음질한 모양이다.

13 시접을 0.4cm 남기고 자른다.

14 주머닛감을 뒤집는다.

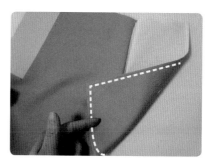

15 0.7cm 폭으로 박음질한다.

16 주머니 겉감을 앞판과 잘 정리한다.

17 주머닛감과 앞판을 어슷시침으로 고정한다.

18 완성본(안)

2 앞판 만들기

1 앞판과 앞판 절개의 겉과 겉끼리 놓고 박음질한다.

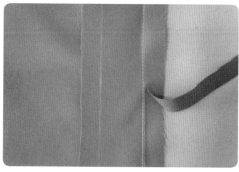

2 앞판 절개의 한쪽 시접은 남기고 한쪽 시접만 0.3cm 남기고 자른다.
한쪽 시접은 안 잘리게 주의한다.

3 자르지 않은 한쪽 시접을 가지고 0.3cm 로 자른 시접을 감싸 다림질한 후 0.1cm 로 박음질한다.
쌈솔 처리 박음질한다.

•33쪽 쌈솔 방법 참고

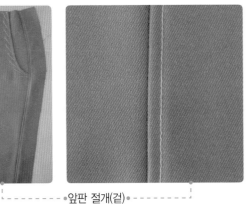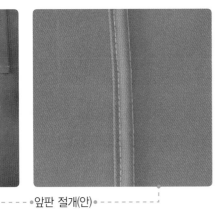

- - - - - - ·앞판 절개(겉)· - - - - - -　　　　- - - - - - ·앞판 절개(안)· - - - - - -

③ 지퍼 달기

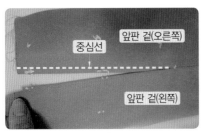

1 앞판을 겉과 겉끼리 놓고 박음질한다.

2 박음질한 두 겹의 시접 중 아래쪽 시접 하나만 0.5cm 남기고 가위집을 준다.

3 중심선 0.3~0.4cm 시접 안쪽에서 다림질한다.

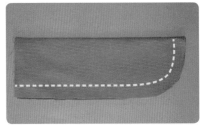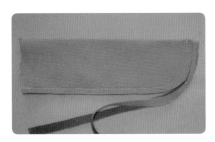

4 코단을 준비한다.
심지를 부착한 모양이다.

5 코단을 반으로 접어 겉과 겉끼리 박음질한다.

6 시접을 0.5cm 남기고 자른다.

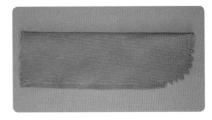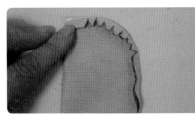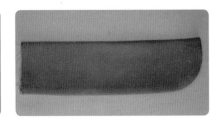

7 모서리는 가위집을 준다.
가위집을 주면 뒤집었을 때 모양이 예쁘게 나온다.

8 시접을 안으로 접어 다림질한다.

9 뒤집은 후 다림질한다.

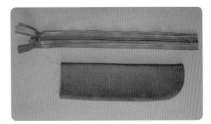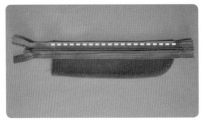

10 지퍼와 코단을 준비한다.

11 코단 끝에 지퍼를 올려놓고 노루발 반발 0.5cm 간격으로 박음질한다.

12 앞판 오른쪽에 지퍼+코단을 시침핀이나 시침실로 고정한다.

13 고정해 놓은 지퍼 위로 0.2cm 간격으로 누름 상침한다.

14 박음질한 모양이다.

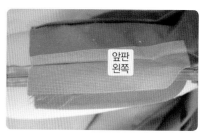

15 앞에서 보았을 때 앞판 왼쪽에 심지를 부착한 모양이다.
심지 폭은 0.5cm이다.

16 오른쪽 앞판 위로 왼쪽 앞판이 0.3∼ 0.4cm 겹치도록 한다.

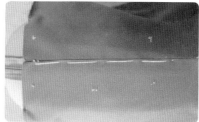

17 시침실로 고정한다.

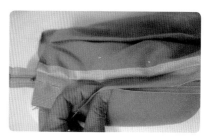

18 심지를 부착한 앞판 왼쪽 시접과 지퍼를 손으로 잡는다.
시침실로 고정해 놓은 상태이다.

19 박음질한다.

20 지퍼 장식선을 초크로 그린 후 시침실을 제거한다.

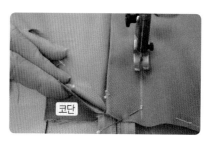

21 코단은 박히지 않게 젖혀 놓고 주의해서 지퍼 장식선을 따라 박음질한다.

이 부분은 코단이 박음질되어 있어도 된다.

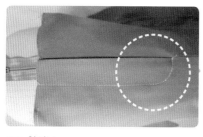

22 완성본

4 뒤판 만들기

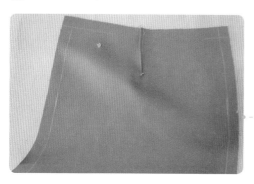

1 뒤판 다트를 박음질한다.

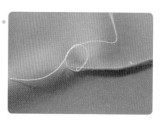

다트 끝부분은 실로 매듭을 지어 풀리지 않도록 세 번 묶어 준다.

5 홀 입술 주머니 만들기

1 주머니를 만들 위치에 표시한다.

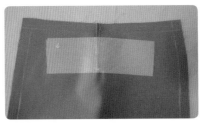

2 주머니 크기보다 크게 심지를 부착한다.
심지 크기는 가로 17cm, 세로 5cm가 적당하다.

3 입술감에 심지를 부착한다.

4 입술감을 반으로 접는다.

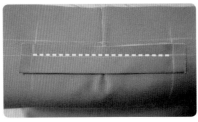

5 주머니 아래 선에 입술감을 핀이나 시침실로 고정한 뒤 시작점과 끝점을 되돌려박기해 주고 박음질한다.

6 마중감을 준비한다.

7 주머니 위 선에 마중감을 핀이나 시침실로 고정한 뒤 시작점과 끝점을 되돌려박기해 주고 박음질한다.

8 입술감 사이 중앙선을 ﹥──﹤ 모양으로 자른다.
삼각 모양을 잘 잘라 줘야 한다.

9 마중감 안쪽 잘라 놓은 ﹥──﹤ 모양과 시접을 갈라 다림질한다.

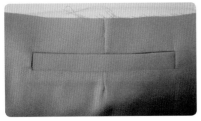

10 뒤판 겉에서 입술감을 잘 정리하여 다림질한다.

11 뒤판을 젖혀 놓고 주머니끝 양쪽 삼각부분을 입술감과 마중감을 함께 고정 박음질한다.

12 끝박음 스티치한다.

6 앞판·뒤판 연결하기

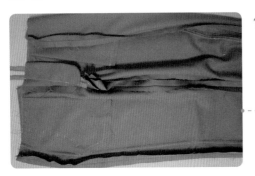

1 앞판, 뒤판의 겉과 겉끼리 옆선과 안선을 박음질한 후 우마에 올려놓고 가름솔로 다림질한다.

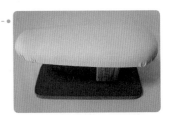

우마

2 옆선과 안선의 시접을 접어박기한다.

31쪽 접어박기 가름솔 방법 참고

3 뒤판의 겉과 겉끼리 놓고 시침핀이나 시침실로 고정한 뒤 밑위를 박음질한다.

시침핀으로 고정한 모양

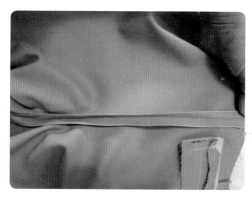

4 가름솔로 박음질한 후 시접을 접어박기한다.

31쪽 접어박기 가름솔 방법 참고

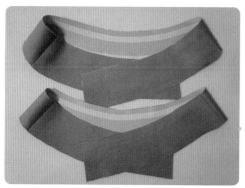

5 요크 밴드를 앞판과 뒤판을 박음질하여 연결한 모양이다.

겉감

안단

뒤판 요크 밴드

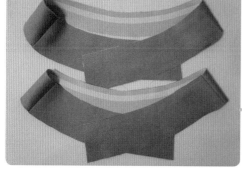

6 겉감과 안단의 겉과 겉끼리 마주 놓는다.

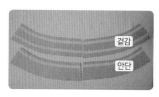

겉감

안단

앞판 요크 밴드
※ 심지를 부착한 후 테이핑 처리한 모양

7 허리선을 박음질한다.
  자석 받침(자석 조기)을 부착하여 박음
  질하면 편리하다.

• **자석 받침**
노루발 옆에 부착하여 옷감의 일
정한 시접양 폭을 원할 때 사용
한다.

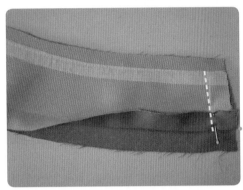

8 안단 시접 1cm를 접어 박음질한다.

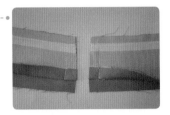

양쪽을 박음질한 모양

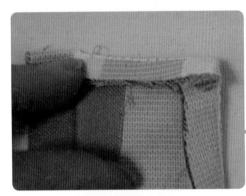

9 시접을 접어 뒤집은 후 다림질한다.

뒤집은 모양

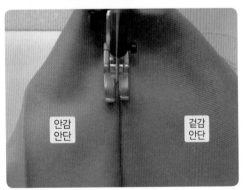

10 7에서 박음질한 허리를 시접은 안단
  쪽으로 하고 사이박음 0.2cm 폭으로
  누름 상침한다.

안감
안단

겉감
안단

11 우마에 올려놓고 다림질한다.

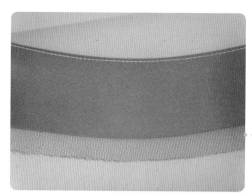

12 안단 시접을 1cm 안으로 접어 다림질한다.

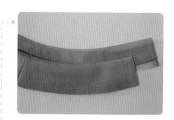

다림질한 모양

13 앞판, 뒤판과 요크 밴드를 겉과 겉끼리 놓고 시침핀이나 시침실로 고정한다. 12의 안단 시접을 1cm 안으로 접어 다림질 안 한 쪽과 고정한다.

모서리 부분이 잘 맞게 고정해야 한다.

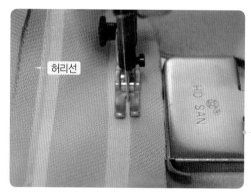

허리선

14 박음질한다.
자석 받침(자석 조기)을 부착하여 박음질하면 편리하다.

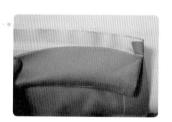

박음질한 모양

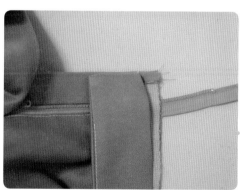

15 지퍼는 가위로 자른다.

가위로 자른 모양

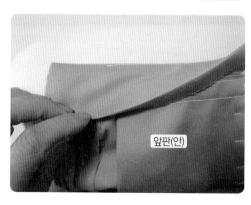

앞판(안)

16 12에서 1cm 안으로 접어 다림질한 요크 밴드를 넘긴다.

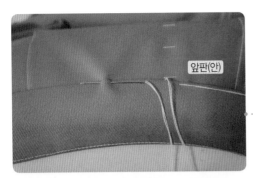

앞판(안)

17 시침실로 안단 쪽에서 앞판, 뒤판과
   요크 밴드를 고정한다.

시침실

18 사이박음 0.2cm 폭으로 누름 상침
   한다.
   요크 밴드 안단이 박음질되어야 한다.

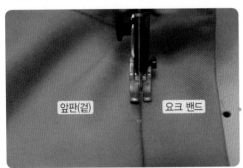

앞판(겉)   요크 밴드

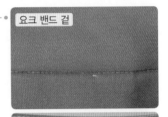

요크 밴드 겉

요크 밴드 안

19 장식 스티치 0.5cm로 박음질한다.

7 밑단 정리하기

1 완성선에 맞추어 밑단을 다림질한다.

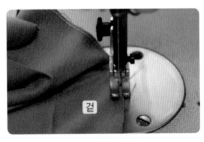

겉

2 0.2cm 폭으로 끝박음질한다.

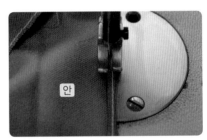

안

3 안쪽으로 접어서 0.2~0.3cm 폭으로 끝
  박음질한다.

4 밑단을 완성선에 맞추어 안으로 접는다.

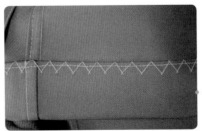

5 새발뜨기한다.

• 26쪽 새발뜨기 방법 참고

• 28쪽 버튼홀 스티치 방법 참고

8 버튼홀 스티치 단춧구멍 만들고 단추 달기 •

앞면

뒷면

1 시험 시간

2 요구 사항

※ 지급된 재료로 디자인과 같이 **배기팬츠(골반 배기팬츠)**를 제작하시오.

① 제시된 디자인과 동일한 작품을 적용 치수에 맞게 제도, 재단하여 의복을 제작하시오.

　(지급받은 원단의 겉면과 안면(표면과 이면)은 수험자가 판단하여 작업하시오.)

② 제시된 디자인과 동일한 패턴 2부를 제도하여 1부는 재단에 사용하고, 다른 1부는 제작한 작품과 함께 채점용으로 제출하시오.

　(제출용 패턴 제도에는 기초선과 제도에 필요한 부호와 약자를 표시하며, 패턴지는 자르지 않고 제출합니다.)

③ 패턴 제도와 재단 시 먹지, 룰렛과 칼은 사용하지 마시오.

④ 완성 치수는 문제에 제시된 치수로 제작하고, 제시되지 않은 치수는 디자인에 맞게 제작하시오.

　허리둘레, 밑위길이, 엉덩이둘레, 팬츠밑단둘레, 팬츠길이

3 도면

적용 치수
허리둘레 : 74cm
엉덩이둘레 : 92cm
엉덩이길이 : 18cm
밑위길이 : 22cm
팬츠밑단둘레 : 34cm
팬츠길이 : 80cm

지시 사항

- 요크 너비는 6cm로 하시오.
- 단춧구멍 하나만 2.5cm로 버튼홀하시오.
- 주머니는 옆선 살려 사용할 수 있게 깊이 35cm로 옆선 쪽으로 외주름을 넣으시오.
- 뒤중심선은 절개하여 장식 스티치하시오.
- 아웃포켓은 가로 13cm, 세로 15cm로 하시오.
- 옆선 시접은 끝박음 & 가름솔로 하시오.
- 주머니는 통솔로 하시오.
- 팬츠 옆트임은 밑단에서 5cm로 하시오.
- 밑단 시접은 한 번 접어 공그르기하시오.
- 장식 스티치는 전체 0.5cm로 하시오.

※ 매 시험마다 적용 치수와 지시 사항은 다르게 출제될 수 있다.

비번호		성명	

도식화 (앞)　　　　　　　　　　(뒤)

봉제 시 유의사항	원 · 부자재 소요량			
	자재명	규격	단위	소요량

봉제 시 유의사항

- 겉감 식서 방향에 주의하시오.
- 심지는 밀리지 않도록 다림질에 유의하시오.
- 장식 스티치는 전체 0.5cm로 하시오.
- 벨트, 포켓부분 심지 작업 및 다대 테이프 붙이기
- 지퍼는 밀리지 않게 다시오.
- 밑단 시접은 한번 접어 공그르기하시오.
- 단춧구멍 버튼홀 스티치 2.5cm로 위에서 하나만 만들고 단추는 모두 다시오.
- 팬츠 옆트임은 밑단에서 5cm로 하시오.
- 요크 너비는 6cm로 하시오.
- 주머니 옆선을 살려 사용할 수 있게 깊이 35cm로 옆선 쪽으로 외주름을 넣으시오.
- size 절대 준수

원 · 부자재 소요량

자재명	규격	단위	소요량
겉감	110cm	cm	220
심지	110cm	cm	90
재봉실	60s/3합	com	1
다대 테이프	10mm	cm	200
단추	20mm	EA	2
바지 지퍼	23cm	EA	1

※ 매 시험마다 적용치수가 다를 수 있으니 시험지에 있는 지시사항과 원·부자재 규격, 소요량을 잘 쓰고, 각각 5개 이상 맞으면 주어진 배점에 만점으로 인정됩니다.

※ 작업 지시서 작성은 반드시 흑색 또는 청색 필기구를 사용하여야 합니다(연필로 작성하면 무효 처리).

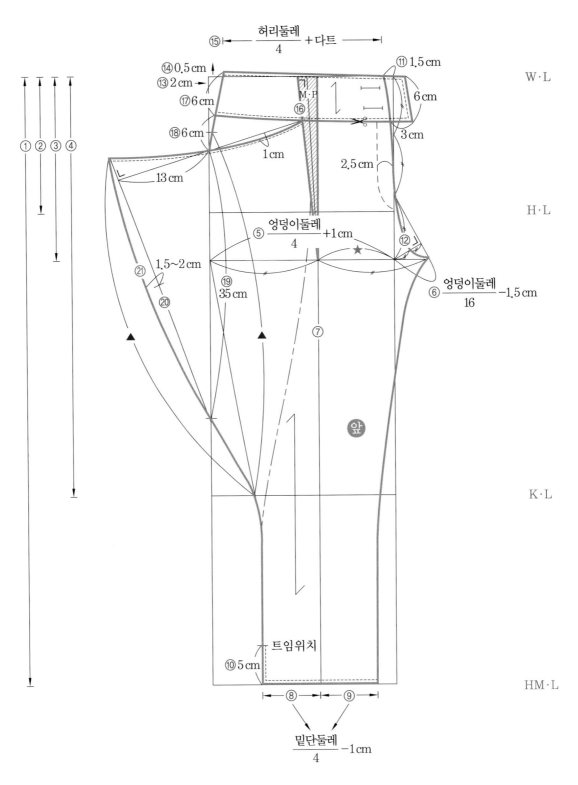

〈앞판〉

① 바지길이 : 80cm

② 엉덩이길이 : 18cm

③ 밑위길이 : $\dfrac{엉덩이둘레}{4}$ +1cm

④ 무릎길이 : 55cm

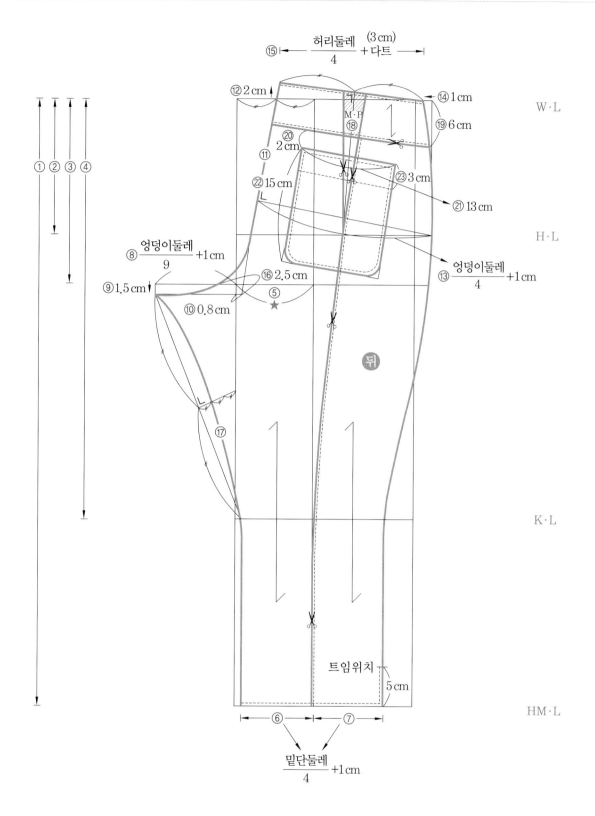

〈뒤판〉

① 바지길이 : 80cm

② 엉덩이길이 : 18cm

③ 밑위길이 : $\dfrac{엉덩이둘레}{4}+1cm$

④ 무릎길이 : 55cm

⑤ 앞판과 동일하다(바지주름).

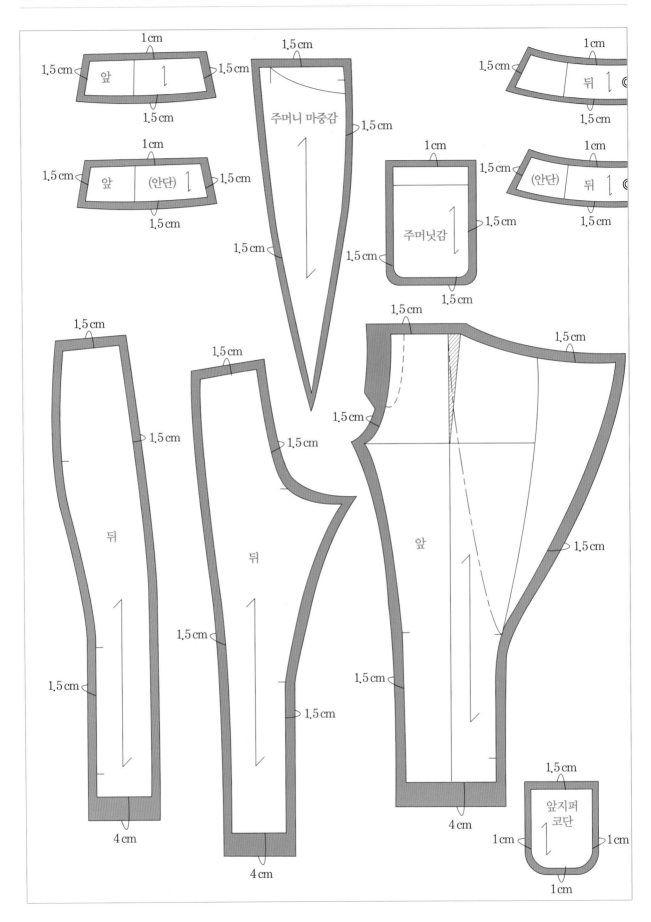

※ 원단의 겉과 겉끼리 식서 방향으로 접어 놓은 상태이다.

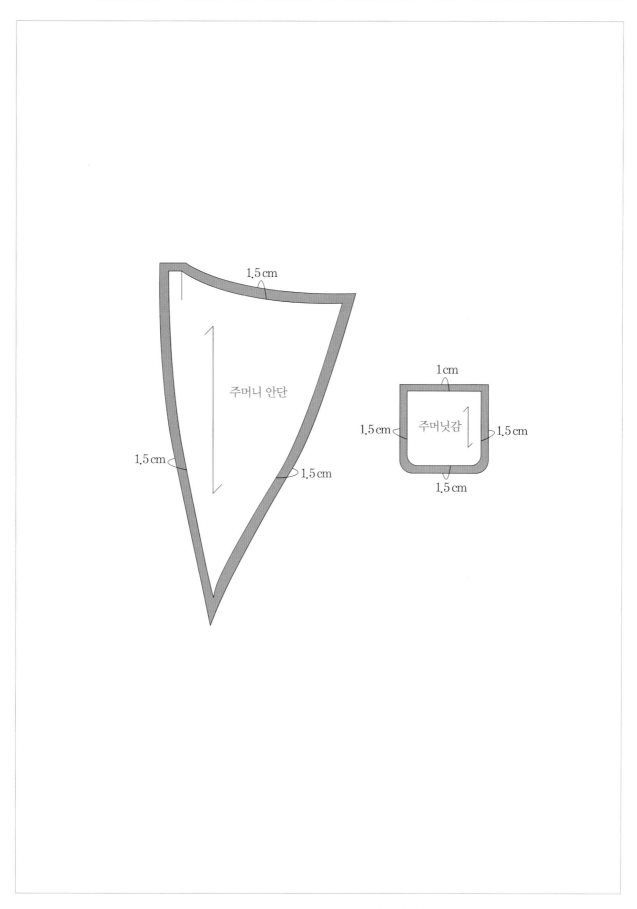

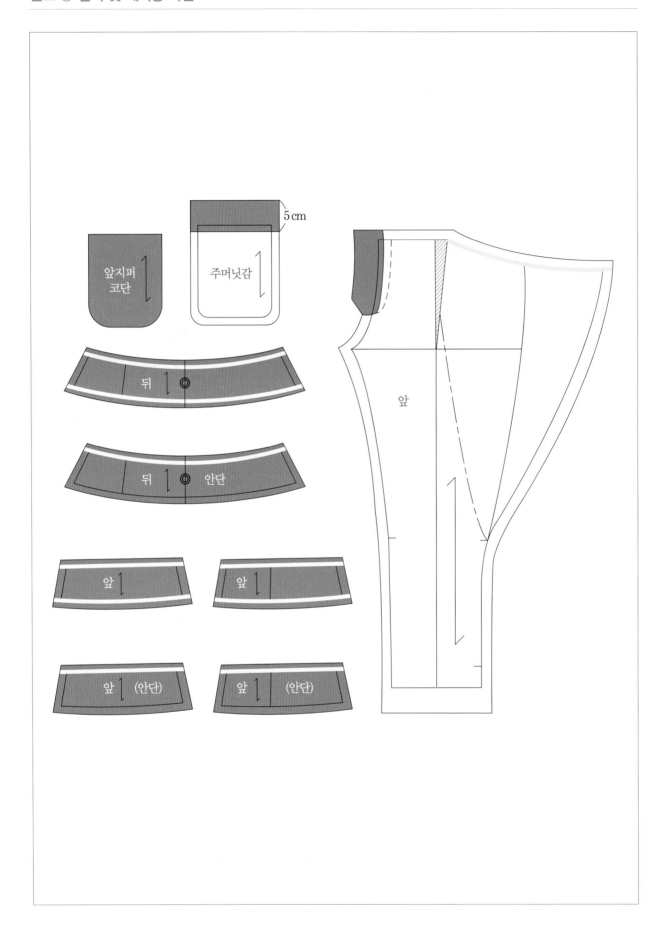

1 앞판 주머니 만들기

1 앞판 안쪽에서 주머니 입구에 테이핑 작업을 한다.

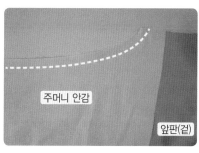

2 주머니 안감과 앞판을 겉과 겉끼리 마주 놓고 박음질한다.

3 주머니 안감을 넘긴다.

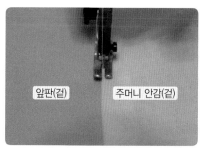

4 시접은 주머니 안감 쪽으로 놓고 0.2cm 로 박음질한다.

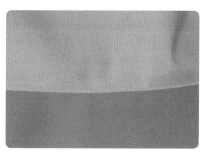

5 0.2cm 폭으로 박음질한 모양이다.

6 주머니 안감을 넘겨 앞판과 주머니 안감을 다림질한다.
곡선 부위는 가위집을 준다.

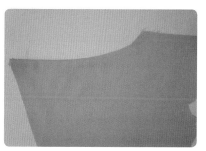

7 다림질한 앞판(겉)

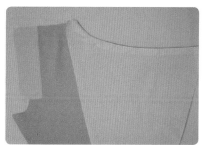

8 다림질한 앞판(안)

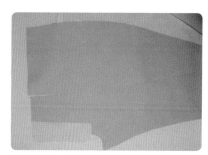

9 주머니 겉감을 준비한다.

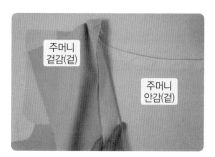

10 주머니 겉감과 주머니 안감을 안과 안끼리 놓고 핀으로 고정한다.
주머니 통솔로 한다.
34쪽 통솔 방법 참고

11 주머니 가장자리 시접을 박음질한 후 시접을 0.4cm 남기고 자른다.

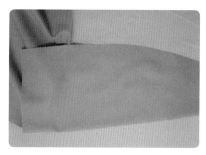

12 주머닛감을 뒤집는다.
주머니 안감이 주머니 겉감보다 크다.

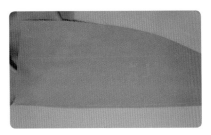

13 0.7cm 폭으로 박음질한다.

14 주머니 입구에서 장식 스티치 0.5cm로 박음질한다.

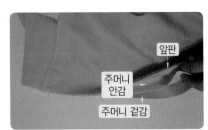

앞판
주머니 안감
주머니 겉감

15 옆선에서 앞판+주머니 안감+주머니 겉 감을 시침핀이나 시침실로 고정한다.

16 15를 함께 시접 0.5cm로 박음질한다.

2 지퍼 달기

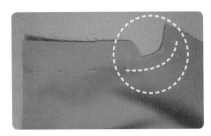

1 앞판을 겉과 겉끼리 놓고 박음질한다.

앞판(겉)
오른쪽

2 앞판(겉) 오른쪽 지퍼 달림 시접을 1.5cm 남기고 자른다.

3 1에서 박음질한 두 겹의 시접 중 2에서 자른 쪽 시접 하나만 0.5cm 남기고 가위 집을 준다.

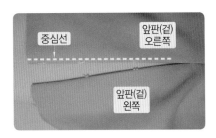

중심선
앞판(겉)
오른쪽
앞판(겉)
왼쪽

4 중심선에서 0.3~0.4cm 시접 안쪽에서 다림질한다.

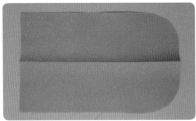

5 코단을 준비한다.
심지를 부착한 모양이다.

6 코단을 반으로 접어 겉과 겉끼리 박음질 한다.

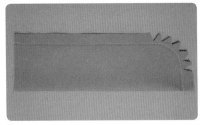

7 시접을 0.5cm 남기고 자른 후 모서리는 가위집을 준다.
가위집을 주면 뒤집었을 때 모양이 예쁘 게 나온다.

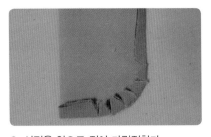

8 시접을 안으로 접어 다림질한다.

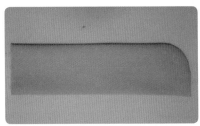

9 뒤집은 후 다림질한다.

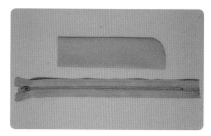

10 지퍼와 코단을 준비한다.

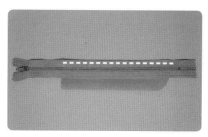

11 코단 끝에 지퍼를 올려놓고 노루발 반 발 0.5cm 간격으로 박음질한다.

12 앞판 오른쪽에 지퍼+코단을 시침핀이 나 시침실로 고정한다.

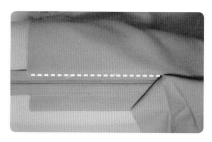

13 고정해 놓은 지퍼 위로 0.2cm 간격으로 누름 상침한다.

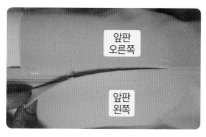

14 오른쪽 앞판 위로 왼쪽 앞판이 0.3~ 0.4cm 겹치도록 한다.

15 시침실로 고정한다.

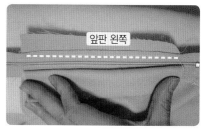

16 심지를 부착한 앞판 왼쪽 시접과 지퍼 를 박음질한다.

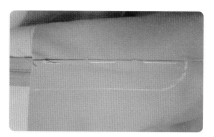

17 지퍼 장식선을 초크로 그린 후 시침실 을 제거한다.

18 코단은 박히지 않게 주의해서 지퍼 장식 선을 따라 박음질한다.

19 완성본

3 뒤판 만들기

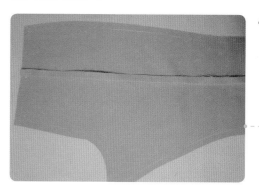

1 절개된 뒤판을 겉과 겉끼리 놓고 박음 질한다.

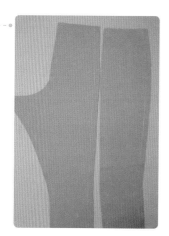

중심선 기점으로
절개된 뒤판 모양

2 시접을 뒤판 옆선 쪽으로 다림질한다.

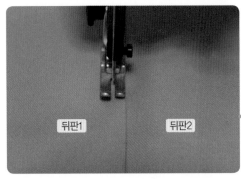

3 시접을 뒤판1 쪽으로 놓은 상태에서 장식 스티치 0.5cm로 박음질한다.

중심선에 장식 스티치한 모양

4 뒤판 주머니 위치에 주머니를 올려놓고 어슷시침하여 뒤판에 고정한다.

4 뒤판 주머니(아웃포켓) 만들기 참고

5 장식 스티치 0.5cm로 박음질한다.

4 뒤판 주머니(아웃포켓) 만들기

1 주머닛감과 주머니 안감을 준비한다.
주머니 안단에 심지를 부착한다.

2 주머닛감과 주머니 안감의 겉과 겉끼리 놓고 박음질한다.
창구멍은 박음질하지 않는다.

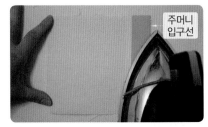

3 주머니 입구선을 꺾은 후 다림질한다.

4 주머닛감과 주머니 안감의 겉과 겉끼리 놓고 주머니 모양대로 박음질한다.
시접은 0.5cm 남기고 자른다.

5 시접을 주머니 안감 쪽으로 접어 다림질한다.

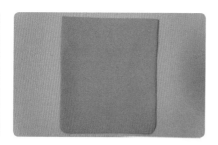

6 창구멍으로 주머니를 뒤집어 준다.

7 다림질한다.

8 3cm 안단에 박음질한다.

9 안단에 박음질을 안 할 경우에는 창구멍은 공그르기로 마무리한다.
26쪽 공그르기 방법 참고

5 앞판·뒤판 연결하기

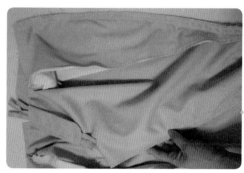

1 앞판과 뒤판을 겉과 겉끼리 놓고 박음질한다.

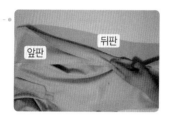

뒤판 앞판

앞판과 뒤판의 모양

2 앞판, 뒤판의 겉과 겉끼리 옆선과 안선을 박음질한 후 우마에 올려놓고 가름솔로 다림질한다.

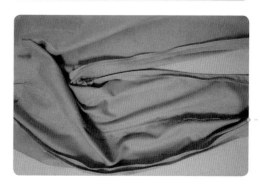

3 옆선과 안선의 시접을 접어박기한다.

31쪽 접어박기 가름솔 방법 참고

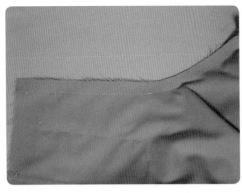

4 뒤판의 겉과 겉끼리 놓고 시침핀이나 시침실로 고정한 뒤 밑위를 박음질한다.

5 가름솔로 다림질한 후 시접을 접어박기 한다.

31쪽 접어박기 가름솔 방법 참고

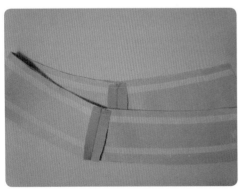

6 요크 밴드를 앞판과 뒤판을 박음질하여 연결한 모양이다.

위 : 앞판 겉감
아래 : 뒤판 겉감

위 : 앞판 안단
아래 : 뒤판 안단
※ 심지를 부착한 후 테이핑 처리한 모양

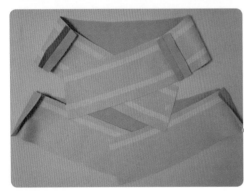

7 겉감과 안단의 겉과 겉끼리 마주 놓고 허리선을 박음질한다.

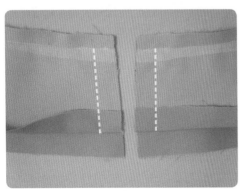

8 안단 시접 1cm를 접어 박음질한다.

9 시접을 접어 뒤집은 후 다림질한다.

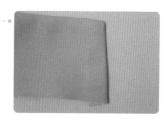

뒤집은 모양

겉감　　안단

10 7에서 박음질한 허리를 시접은 안단 쪽으로 하고 사이박음 0.2cm 폭으로 누름 상침한다.

11 우마에 올려 안단의 시접을 1cm 안으로 접어 다림질한다.

다림질한 모양

12 앞판, 뒤판과 요크 밴드를 겉과 겉끼리 놓고 시침핀이나 시침실로 고정한다. 11의 안단 시접을 1cm 안으로 접어 다림질 안 한 쪽과 고정한다.

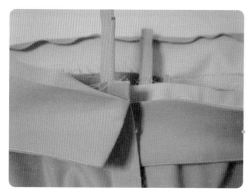

13 박음질한 후 지퍼는 가위로 자른다.

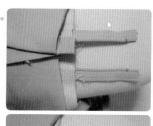

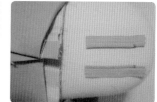

지퍼를 자른 모양

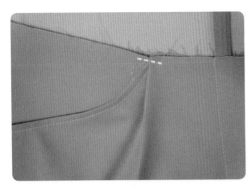

14 옆선 쪽으로 외주름을 박음질로 고정한다.

15 요크 밴드를 넘긴 후 시침실로 안단 쪽에서 앞판, 뒤판과 요크 밴드를 고정한다.

요크 밴드를 넘긴 모양

요크 밴드(겉)

16 사이박음 0.2cm 폭으로 누름 상침한다.
요크 밴드 안단이 박음질되어야 한다.

17 장식 스티치 0.5cm로 박음질한다.

6 밑단 정리하기

1 트임 부분을 잘 정리하여 다림질한다.

2 완성선에 맞추어 밑단을 다림질한다.

3 밑단을 안쪽으로 반을 접어 다림질한다.

4 공그르기를 한다.
24쪽 공그르기 방법 참고

5 다림질한다.

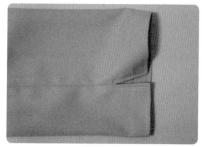

6 트임 부분과 밑단 끝을 장식 스티치 0.5cm
로 박음질한다.

7 버튼홀 스티치 단춧구멍 만들고 단추 달기 - - - - - - - - - - - - - - - - - - 28쪽 버튼홀 스티치 방법 참고

앞면

뒷면

수험자에게 드리는 합격 꿀팁!!

❖ 시험장에 들어가면 패턴용 전지, 원단, 실이 지급되며, 재봉틀 테스트 시간이 주어집니다.
재봉틀 테스트 후 문제가 있으면 시험위원에게 말씀드려 자리 이동을 하면 됩니다.
(시험이 시작된 후에는 자리 이동이 불가합니다.)

❖ 밑실은 북알에 1~2개 감아 놓으면 작업하는 데 원활합니다.

❖ 다리미통에 물을 충분히 받아놓아 주세요.

❖ 시험 시작 전 시험위원이 작업 지시서의 지시 사항을 자세히 설명해 줍니다.
이때 중요한 사항은 색 볼펜으로 표시해 놓으면 좋습니다.

❖ 원단 재단 후 겉, 안을 구별하기 쉽도록 원단 안쪽에 초크로 표시해 주면 좋습니다.

❖ 10가지(재킷 4종류, 스커트 4종류, 팬츠 2종류) 중 작업 지시서에 나온 1개의 옷을 주어진 시간
(재킷 7시간, 스커트 및 팬츠 6시간) 안에 완성해야 합니다.
시간 분배를 잘 하여 여러분 모두 합격의 영광을 누리셨으면 좋겠습니다.

❖ 패턴 2장을 떠서 1장은 제출하고, 나머지 1장으로 옷을 만들면 됩니다.
제출용 패턴에는 반드시 기호를 표시해야 합니다(예 : BL, WL 등).

❖ 미완성은 무조건 실격 처리되며, 오작의 기준은 이 옷을 입고 바로 나갈 수 있느냐 없느냐로
판단하면 될 것 같습니다.

참고 시험장에 따라 점심 시간이 촉박하거나 없을 수도 있습니다.
물과 초콜릿 및 사탕을 가져가실 것을 권장합니다.

사진으로 쉽게 배우는 패턴&봉제

양장기능사 실기

2014년 4월 10일 1판 1쇄
2022년 1월 10일 2판 1쇄
(개정판)

저자 : 민옥인
펴낸이 : 이정일

펴낸곳 : 도서출판 일진사
www.iljinsa.com

(우)04317 서울시 용산구 효창원로 64길 6

대표전화 : 704-1616, 팩스 : 715-3536
등록번호 : 제1979-000009호(1979.4.2)

값 25,000원

ISBN : 978-89-429-1687-0